极简衣橱整理术

图书在版编目（CIP）数据

极简衣橱整理术 /（德）安努什卡·里斯著；石颖
川译. -- 北京：中信出版社，2017.5（2017.9 重印）
　书名原文：The Curated Closet
　ISBN 978-7-5086-5236-8

　Ⅰ.①极… Ⅱ.①安… ②石… Ⅲ.①服饰美学
Ⅳ.①TS941.11

　中国版本图书馆CIP数据核字(2017)第065326号

极简衣橱整理术

著　　者：[德] 安努什卡·里斯
译　　者：石颖川
出版发行：中信出版集团股份有限公司
　　　　　（北京市朝阳区惠新东街甲 4 号富盛大厦 2 座 邮编 100029）
承　印　者：北京利丰雅高长城印刷有限公司

开　　本：787mm×1092mm　1/16　　印　　张：18.5　　字　　数：230 千字
版　　次：2017 年 5 月第 1 版　　　　印　　次：2017 年 9 月第 2 次印刷
京权图字：01-2017-3107　　　　　　　广告经营许可证：京朝工商广字第 8087 号
书　　号：ISBN 978-7-5086-5236-8
定　　价：68.00元

极简衣橱整理术

用一套简单易行的方法找到个人风格，打
造你的梦想衣橱

[德]安努什卡·里斯　著
　　　　石颖川　译

中信出版集团·北京

目录

PART I: 基本原则

PART II: 发现你的个人风格

PART III: 打造你的梦想衣橱

PART IV: 购买的艺术

"少买，
精选，
使之隽永。"
–*Vivienne Westwood*

一个精心策划的衣橱是什么样？

精心策划的衣橱完全依据每个人独特的个人风格和生活量身打造，里面不多不少，正好囊括了让你每一天都感觉自信满满和充满灵感的一切物品。流行趋势、风格类型、那些千篇一律的所谓"衣橱必备清单"，都不能成为打造衣橱的准则。

既然大家的生活如此丰富多彩、千差万别，为什么衣橱却要千篇一律呢？

前言

一个关于便宜货、冲动购物和季节性必买品的故事

伦敦，卡姆登镇（Camden town）的一间一居室，是一切开始的地方。

这间一居室虽然很袖珍，但是衣橱够大，储物空间够多。然而，所有的柜子却被塞得满满当当、拥挤不堪。我的衣服堆积如山，却又什么都没得穿。

怪就怪在，如果告诉你我花在衣服上的时间、精力和金钱，你一定会认为我的衣服肯定多到穿不过来。对于时尚这件事儿，我一直痴迷其中，从十五岁起就持续不断地订阅至少五本时尚杂志，很小的时候就能准确区分一块面料是人字纹还是千鸟格。几乎每个周末我都逛街购物，无数个夜晚我窝在沙发上浏览eBay的服饰，查看我喜欢的网店的上新页面。

简言之，我是真的醉心时尚，而且在这方面绝不是个新手。然而，抛开对时尚无可争议的沉迷和满满一柜子衣服不谈，通常情况下，我却要花一个多小时才能勉强找出一套适合参加聚会的衣服，更别提那些能穿着在星期天奔赴早午餐或出席其他不能穿普通牛仔裤和T恤的场合的行头了。

当然，现在仔细回想起来，我衣橱出现问题的原因也显而易见。

首先，我是一个居住在伦敦——全球生活成本最昂贵的城市之一——的穷学生，像大多数预算有限又追求时尚的学生一样，我试图用最少的钱，买到尽可能多的服饰。我的消费基本固定在价位较低的大众流行品牌，总是密切留意店里的打折区，认为一件T恤要是超过10英镑（约合15美元）就"纯属敲诈"。同样，我对"买二送一"这样的大促毫无抵抗力，包里装着不下十张

不同店铺的会员卡，还会经常半夜起床追踪我在eBay上淘到的所谓"特价商品"的动向。

但最讽刺的一点是，那段时间也正是我在攻读心理学硕士的时期。毫无疑问，我应该比任何人更了解短期降价促销这一最基本营销技巧的心理学基础，不至于沉迷其中。事实证明，对绝大多数人来说，在面对大力度降价促销时，所有的理性决定都会被抛在脑后。这可是我学习心理学的第一课呀！心理学告诉我们，假如我们看见某件自己感兴趣的物品在搞促销，便会降低标准，把这件物品哪怕再明显不过的缺陷都合理化，觉得20%的折扣意味着我可以不那么在意一件衣服的尺寸或者面料滑过皮肤的感受。但是，这样买回来的衣服，往往都在穿过一次后就被我扔到衣柜最深处雪藏了。

抛开有待商榷的购物策略，那时的我对于什么是穿着得体好看的想法非常扭曲。对当时的我而言，穿出很棒的个人风格完全等同于追随流行趋势。相应的结果就是，我同样认为风格只有一个版本，想穿得好看只有一个办法，那就是紧跟并模仿时尚潮流。

其实从某种角度来说，我这个想法让事情看上去简洁明了了许多，因为它意味着只要遵循一些明确的搭配原则，你将最终成为自己长久以来向往的那个走在时尚尖端的、充满自信的人。而我也正是这么做的。我研究了无数时尚杂志和T台秀场，继而试图在预算之内搜寻到尽可能多的"当季必入品"。我把自己每个季节适合穿什么颜色搞得清清楚楚，沉迷于分析身材类型，做遍所有我能找到的关于时尚风格的测试题。我尝试固执地只穿测试推荐给我的、适合我肤色和身材类型的颜色搭配和衣服款式，然后在衣橱里囤满了简洁的全开襟白衬衫、黑色西装上衣、经典款帆布鞋，以及其他所有被时尚杂志定义为"必备品"的东西。

我抱着"以不变应万变"的心态不停地买，这也恰恰是时尚圈常常传达给我们的信息。也许这个信息的本意并不坏，它不过是为了简单起见，给大家提供一个快速解决问题的办法而已。

现在回想起来，难怪我不喜欢自己的衣橱呢，我被困在了一个典型的快时尚消费的生活圈中。

正因为我的关注点只在乎是否划算，因此，我所有的购买决定仅仅基于价格，而非衣服的品质，衣服是否与我衣柜中已有的服饰相搭配，或是我有多喜欢它。我从未花时间去真正搞明白自己究竟想穿成什么样、什么样的服装适合我的生活。我根本没有任何策略可言。我冲动购物，往往只因为其他人觉得不错，从不听从自己那富于创造性的内心。所有这些因素合在一起，让我的衣柜变成一个大杂烩，没什么好衣服。它们既不适合我的风格，也不适应我的生活。或许我有满满一柜子的衣服，但却什么都没得穿，对哪一件都提不起劲儿，也因此，我总需要买更多。我一直不断地买、买、买，使同样劣质的衣物越来越多。我常常为了参加一个聚会或活动就买一身新行头。但是，显而易见，每次新买的东西不过是让原本已经一团糟、毫无章法的衣橱雪上加霜。每件衣服都不过是另一个"权宜之计"。

时间快进几年到现在。今天的我仍然热爱时尚，依旧订阅时尚杂志，但我已经不再追逐流行的脚步，也不再把钱浪费在质地脆弱的聚酯纤维和"当季必买"上了。我学会了如何买得更少，但选得更精。虽然拥有的衣服数量少了许多，但实际上能穿的却更多了。

那么，这几年间到底发生了什么？说起来呢，我终于厌倦了自己衣橱的状况，意识到我的整个行为方式都急需一个彻底大转变。我渐渐发现，把所有钱花在那些自己不愿穿的衣服上真是大错特错。之后有一天，我脑中灵光一闪：

那些我最欣赏其着装风格的人，并不是对潮流亦步亦趋，把设计师品牌从头武装到脚的人，而是如索菲亚·科波拉（Sofia Coppola）、夏洛特·甘斯布（Charlotte Gainsbourg）、格蕾丝·柯丁顿（Grace Coddington）这类时尚偶像。这些女性之所以成为时尚偶像，不是因为她们遵循了某些所谓着装规则，而是因为她们穿出了自己。每个人都有散发着强烈个人色彩的穿着风格，有明确的标志性装扮。

意识到这点之后，我给自己设定了新目标。我希望发展出属于自己的个人风格，把衣橱里那一团糟整理清楚。在此基础上，我还想探究关于穿着的一切是否有章可循，能否找出一套其他女性都能借鉴的方法，给那些像我一样醉心时尚但传统的"买得多，选择就多"那一套对她们并不奏效的女性。于是，我开始了研究之路。我找来所有与时尚有关的书籍，一遍遍仔细研读，亲身试验每一个从杂志中看到的、自己悟出的、其他从热心朋友和家人口中听说的小诀窍。我开始写博客，分享自己最喜欢的穿衣搭配窍门，并根据从全球各个年龄段女性朋友那儿收到的反馈不断调整、完善这些小技巧。

这本书集合了我所有的研究成果。把它看作一个装满了小窍门、技巧、经验之谈和提示的工具箱吧，用它来帮助你培养出具有自己鲜明特色的着装风格，打造出一个能展示风格又兼具实用性的衣橱。

完美的衣橱并非花上一个周末便能横空出世。个人风格是每个人的不同因素、年复一年中所有遇见过的人、所有走过的地方等综合作用的结果，是一件真正纯属个人的东西，只需一点点挖掘便可呈现其全貌。不过别担心——挖掘的过程可是趣味盎然！

再多说一句，当你最终形成了强烈的个人风格，变成自己的最佳造型师，拥有一个无与伦比的衣橱，这些东西将终生伴你左右。要让我说的话，如果你觉得衣橱很重要，希望将服装作为自我表达的一种方式，以上都将是你非常宝贵的生活技巧。

衣橱诊断

为什么你无衣可穿？

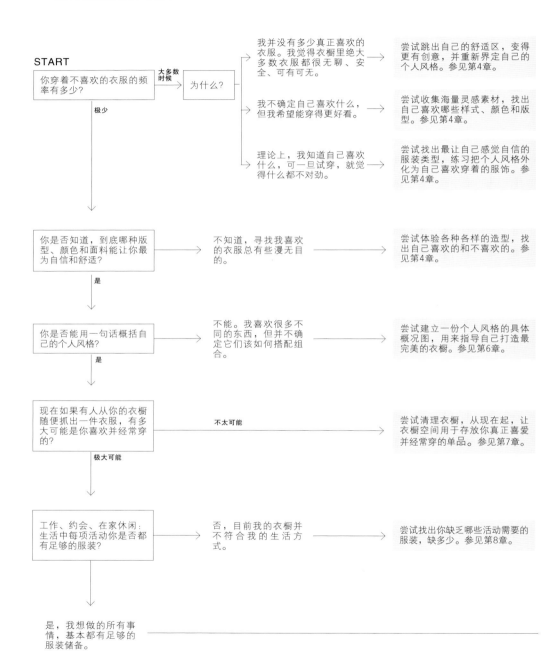

START

你穿着不喜欢的衣服的频率有多少？

大多数时候 → 为什么？

→ 我并没有多少真正喜欢的衣服。我觉得衣橱里绝大多数衣服都很无聊、安全、可有可无。

→ 尝试跳出自己的舒适区，变得更有创意，并重新界定自己的个人风格。参见第4章。

→ 我不确定自己喜欢什么，但我希望能穿得更好看。

→ 尝试收集海量灵感素材，找出自己喜欢哪些样式、颜色和版型。参见第4章。

→ 理论上，我知道自己喜欢什么，可一旦试穿，就觉得什么都不对劲。

→ 尝试找出最让自己感觉自信的服装类型，练习把个人风格外化为自己喜欢穿着的服饰。参见第4章。

极少 ↓

你是否知道，到底哪种版型、颜色和面料能让你最为自信和舒适？

→ 不知道，寻找我喜欢的衣服总有些漫无目的。

→ 尝试体验各种各样的造型，找出自己喜欢的和不喜欢的。参见第4章。

是 ↓

你是否能用一句话概括自己的个人风格？

→ 不能。我喜欢很多不同的东西，但并不确定它们该如何搭配组合。

→ 尝试建立一份个人风格的具体概况图，用来指导自己打造最完美的衣橱。参见第6章。

是 ↓

现在如果有人从你的衣橱随便抓出一件衣服，有多大可能是你喜欢并经常穿的？

不太可能 →

→ 尝试清理衣橱，从现在起，让衣橱空间用于存放你真正喜爱并经常穿的单品。参见第7章。

极大可能 ↓

工作、约会、在家休闲：生活中每项活动你是否都有足够的服装？

→ 否，目前我的衣橱并不符合我的生活方式。

→ 尝试找出你缺乏哪些活动需要的服装，缺多少。参见第8章。

↓

是，我想做的所有事情，基本都有足够的服装储备。

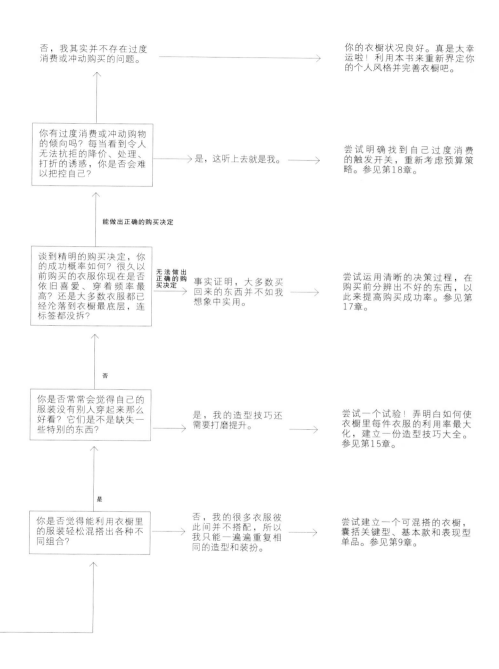

否，我其实并不存在过度消费或冲动购买的问题。

你的衣橱状况良好。真是太幸运啦！利用本书来重新界定你的个人风格并完善衣橱吧。

你有过度消费或冲动购物的倾向吗？每当看到令人无法抗拒的降价、处理、打折的诱惑，你是否会难以把控自己？

是，这听上去就是我。

尝试明确找到自己过度消费的触发开关，重新考虑预算策略。参见第18章。

能做出正确的购买决定

谈到精明的购买决定，你的成功概率如何？很久以前购买的衣服现在是否依旧喜爱、穿着频率最高？还是大多数衣服都已经沦落到衣橱最底层，连标签都没拆？

无法做出正确的购买决定

事实证明，大多数买回来的东西并不如我想象中实用。

尝试运用清晰的决策过程，在购买前分辨出不好的东西，以此来提高购买成功率。参见第17章。

否

你是否常常会觉得自己的服装没有别人穿起来那么好看？它们是不是缺失一些特别的东西？

是，我的造型技巧还需要打磨提升。

尝试一个试验！弄明白如何使衣橱里每件衣服的利用率最大化，建立一份造型技巧大全。参见第15章。

是

你是否觉得能利用衣橱里的服装轻松混搭出各种不同组合？

否，我的很多衣服彼此间并不搭配，所以我只能一遍遍重复相同的造型和装扮。

尝试建立一个可混搭的衣橱，囊括关键型、基本款和表现型单品。参见第9章。

PART I

基本原则

01

精简衣橱的哲学

先让我们谈谈精选衣橱的策略！本书中提到的每一个小提示、技巧和经验，都基于下面五个关键的基本原则。先对这五个基本原则做一个完整介绍。

1.精心选择：把衣橱空间留给你百分百满意的单品

训练自己变得更挑剔，仅此一项，就能成为升级自己衣橱的最有效途径。试着把衣橱想象成一个会员专属俱乐部，只有你心爱的、真正喜欢穿的衣物才够格被邀请入内。其他任何不够合身的、粗制滥造的、破旧得不能再穿的、连"足够好"都谈不上的衣服，还有那些与你的风格完全不搭界的，都不在邀请之列。

好吧，似乎"不购买太多自己并非真正喜爱的东西"对大家都是常识，更别提把这些东西塞进衣橱甚至是穿上身了。可实际上，我们往往正如此对待那些不完美的物品：

● 我们买很多只是"还可以"的服饰，因为它们正打折促销或者"很划算"。

● 我们穿着不舒适的衣服，以至于回家第一件事就是赶紧把它们脱下来。

● 我们一直留着多年前早已不合身的衣物，以防万一哪一天它们又能穿了。

● 我们穿着几乎令自己寸步难行的鞋，把脚磨出许多水泡。

● 我们逼自己穿上感觉很一般的单品，只因为买的时候很贵，不愿就此浪费那笔"投资"。

- 我们在家里穿得邋邋遢遢，希望不要有人不请自来。
- 在各种场合，我们身着的衣服总不合时宜地往上蹿，只有不停地用力拽才能保持得体。
- 我们打扮得既不能让自己充满自信也不会令自己灵感丰沛，仅仅是由于衣橱里没有更合适的衣服可穿。

　　问问自己，我们为什么要这么做？为什么花钱买下自己根本不喜欢的东西？为什么要把不舒服的衣服穿上身？

　　答案是，因为这样更简单易行，至少短时间内如此。比起为出席某个活动草率买下一件胸围不合适、并不真心喜欢的上衣，再多花一个钟头搜寻一件自己真正满意的，将消耗更多的精力。相比起筋疲力尽地努力寻找一条完美贴合自己体形的牛仔裤，随便套上一条已经穿旧的弹力牛仔裤会更轻松。对大多数人来说，整晚默默忍受一双不合脚高跟鞋的折磨，要比承认自己买这双鞋所花的八十美元打了水漂更容易让人接受。同样，一直说服自己将来有一天，终将能挤进那些虽旧却是你心头挚爱的衣服，即便它们对目前的你来说已经小了两个码，仍然比决定把它们扔掉要轻松得多。

　　当然，所有这些决定只能让当下的生活轻松自在。从长远来看，不得不一直拉拽每走一步就不住上蹿的短裙，或是忍受一件每次穿上肩膀都被勒得生疼的连衣裙，会让人更难以忍受。同样难受的还有每天早晨在成堆的衣物中搜寻，只为找到一件还能接受的行头。还有，如果穿着打扮对你很重要的话，找不到自己真心喜爱的衣服最终还会影响你的自信心，同样蛮有压力。

从长远来看，把更多精力投入到选择合适的衣服上总会收获回报。

然而，鉴于我们人类天生倾向于在短期内储存能量、在可能的情况下选择走最容易的路。因此涉及对衣橱精挑细选时，可真是一件需要积极练习的事情。

在阅读本书的过程中，你会碰到许多不同的小技巧，它们不仅能帮助你更具挑选的眼光，也会让整个过程感觉更轻松。你将学到怎样评估衣橱潜在的新成员质量如何；了解在逛了一天街之后，怎么分辨看上去漂亮但穿上却不怎么样的衣服；知道如何抵御精明的营销策略，缓解购物压力，避免冲动购物和其他"不那么理想"的购买决定。最重要的是：你将会渐渐认识自己的个人风格，知道衣橱里需要什么，最终能一眼就辨别出某件单品是否适合你的风格、能否与其他衣物搭配。

2.做真实的自己：把"经典风""波西米亚风"这样的传统风格分类抛到脑后，创造属于你个人的独特造型

正如风靡一时的减肥食谱是为那些想快速减掉几磅的人准备的一样，通常所说的风格类型和"衣橱必备品"清单是为了满足那些追寻个人风格的人的需要。两者的共同点在于：都是一种快速解决问题、一劳永逸的方案，会让人觉得似乎自己短期内就可以进步神速，但最终对认识问题的根源起不到什么作用。

我年纪尚小的时候，对自己的穿衣风格很不确定，当时对这些风格类型很当真，心想只要设法找到所有根据我"风格"推荐的衣服，我就能变成时尚达人，成为那个我向往的、穿着打扮无可挑剔的女性。大多数测试题把我归为"经典风"这一类型，因此我持续不断地往衣橱里塞进全开襟衬衫、芭蕾平底鞋，当然，更少不了风衣。但当我第一次穿上风衣的时候，我觉得自己像个摆弄妈妈衣橱、玩扮装游戏的小女孩儿。但我选择了尽量忽略自己的感觉，因为我遵照的可是时尚专家的建议呀，他们肯定知道自己在说什么，我很可能只是不习惯自己的新潮造型而已。

而这却恰恰是风格分类、"衣橱必备"清单以及任何告诉你该穿什么、买什么的时尚建议的问题所在：呈现给你一个简单、现成的风格穿搭公式，妨碍了你思考清楚到底什么适合自己，以及自己富有创造性的内心。它们宣称"风格"只能是三选一、最多不过七选一（具体数字取决于杂志版面的多少），因此打扮得好坏意味着你是否严格遵循那些穿衣法则。

风靡的减肥食谱、风格类型、"衣橱必备"清单，三者能流行开来的原因都一样，那就是满足了人们对快速解决方案的需要，把这些艰难历程简化为一套易于遵循且看似能够掌控的法则。

可问题在于，现成、通用的办法只能给你一个模式化的、与其他人一模一样的衣橱。按照规则和蓝图并不会帮助你建立起强烈的风格感，因为个人风格就是这样：高度个性化。你当然可以同其他人一样，喜欢相同的衣服颜色、材质或剪裁，但把这些不同元素组合成一套完整的搭配方式、针对不同场合挑选相应的单品、如何给自己做造型，都是你个人独特喜好的反映，是经年累月的种种经历对你产生影响的综合结果。

真正的个人风格永远是"私人订制"，因此把衣橱弄得模式化真没什么意义。

举个例子吧。我有一个朋友，总是穿着非常美丽、飘逸的连衣裙搭配长项链和小礼帽。基于这个描述，那些造型测试很可能把她划归到"波西米亚风"这一类，同时推荐她日常购买一些印花单品、流苏包，服饰要带有许多印花图案，以明亮的暖色调为主。但实际生活中，她的衣橱是什么样呢？是冷调的纯色，有很

多低调朴素的饰品，一眼看上去根本见不到彩色的图案。她的穿衣风格不属于任何传统的风格分类，但却高度和谐统一，每件衣服都完美地展示出她独特的审美趣味。虽然一两句话很难准确描述清楚，但是这并不重要。一旦你发现了属于自己的风格，它只需对你而言有意义就好。

当然，说起建一个很棒的衣橱，个人风格仅是其中一部分，怎样具体实施（换句话说，也就是你最终选择让哪几件衣物"登堂入室"）取决于许多其他因素，包括个人的生活方式、体形、最喜欢的衣服合体程度、材质、预算，甚至是日常的洗涤习惯。而这所有因素，再多说一句，纯粹由你独一无二的个人偏好来决定，没有任何一个既有的"衣橱必备"清单可以囊括。

所以，如果你打开这本书，期待收获一个万无一失的衣橱升级计划，恐怕会感到失望了。书里没有任何一页将告诉你穿什么、选择哪些单品，或是哪款上衣该搭配什么样的下装。我所做的，是向你展示如何弄清什么东西适合自己，怎样发现自己独特的喜好，以及怎样把所有喜欢的物品组合成既实用又具个人特色的装扮——个人风格。最终，个人风格会呈现出一个真实的你，因为它完完全全属于你自己。

3.品质是关键：弄一柜子高品质的单品，让它们能穿很多年

仅仅几年前，"质量重于数量"这个概念在我看来简直自带缺陷。我当时觉得，到底为什么要把所有钱都砸到一条牛仔裤上呢？本来用这些钱我可以拥有五条别的牛仔裤呢。

我可是坚决站在"越多越好"阵营一边，也因此，我忍受着鞋子把双脚磨起一个个水泡，一扯就坏的聚酯纤维T恤把我弄得浑身痒痒，每走一小步、动一下都必须把裤子重新调整以免下

滑，所有的不适换来衣橱挂满了更多（同时缺陷也很多的）可供选择的衣服。我根本不在乎衣物的正确保养或存放，即便某件衣服在清洗过程中四分五裂、接缝处被扯开了，或者是其中一只鞋子的鞋跟断了，对我而言都没什么大不了。任何一件衣物于我压根没什么价值，原因并不仅仅是经济上的，还因为我那乱糟糟的、拥挤不堪的衣橱本身。

以上行为的后果就是每到季末，我通常会把绝大多数衣服驱逐出去：有些是因为真的破烂不堪，有些则是因为面料不好起满了球，还有许多仅仅是由于它们穿起来实在不舒服或不合身，而我只要在脑海中想象再穿上它们的情形就无法忍受。正因此，大概每年两次的大清理之后，我看到空荡荡的衣橱不禁心生恐惧，然后恶性循环又开始了……

是不是听上去非常浪费？事实的确如此。幸运的是，当我的目标由"成为时尚人士"转变为"培养起自己的个人风格"后，我的购买策略也几乎立刻来了个一百八十度大转弯。这个过程是如此自然地发生在我身上，对大多数人也一样：一旦开始对进入衣橱的东西精挑细选，你会对每件单品赋予更大的价值，并且极有可能再无法满足于廉价、粗制滥造的东西了。你会向往那些带给皮肤美好触感的衣服，它们持久而耐用，不会过上一年半载就破败不堪；它们完美贴合体形，不会反倒把身形修饰得扭曲或限制人的活动。

打造一个令人满意、能展现个人风格、为生活提供支撑的衣橱与衣物品质息息相关，这正是本书强调要选择高品质、实用、持久的衣物的原因，当然从审美角度来说，还要保证衣橱与个人风格相一致。

通过本书，你将学到如何把各种衣物饰品整合起来，尽可能发挥各自功能为你的生活方式服务，同时也为各种日常活动场合提供丰富多彩的搭配选择；你能成为一个评估衣物品质的高手，通过诸如缝线工艺、面料成分等因素来判断一件衣服的好坏；你还可以了解自己对衣服材质、版型、里外细节的主观偏好。书中还有一章专门探讨怎样选择合体的衣服，从而你最终能立刻分辨出一件加入购买清单的衣物是否适合你的身材比例。

如果你的预算有限，也别着急，整合出一个高质量的衣橱并不一定需要鼓鼓囊囊的钱包。物品的质量并不总是与价钱高低成正比，一旦熟悉了评估衣物品质的方法，各种价位的高品质衣服一定能让大家满载而归。

4.风格远胜于时尚：为适合自己的时尚趋势感到兴奋，忽略其他所有不合适的

谈到时尚，我最讨厌的观点之一便是"紧随时尚潮流"。

这种观点认为，时尚如同法律，我们每一个品行高尚的人都有责任和义务去维持它；穿着得体好看的关键在于遵从规则，把潮流及时尚定义为将当季必备的衣物穿上身，不论我们是否真正喜欢。

当然，这是对"紧随时尚潮流"这一用语非常字面化的解释，但尽管如此，它仍抓住了时尚产业向女性传达的潜台词，那就是利用像"这个春季你必须拥有的5条裙子"或"年度潮流趋势"这样的标题，吸引女性成为推动销量的力量。同时正因如此，我认识的许多女性朋友也会对自己是否穿着时尚感到或多或少的压力，担心某些单品看上去已经"过时了"，并用当前时尚界所说的"要"与"不要"作为选择服饰的决定因素。

大多数女性认为穿着好看得体就意味着时尚，几年前，我也恰恰是这么想。但近年来渐渐认识到：时尚完全是一种选择。

上世纪一些最著名的时尚偶像，他们并不追逐每一个新潮流的脚步，相反，他们都拥有属于自己相对固定的、极具辨识度且独一无二的造型，比如玛琳·黛德丽（Marlene Dietrich）、葛蕾丝·琼斯（Grace Jones）和玛丽莲·梦露，同样还有詹娜·莱恩兹（Jenna Lyons）、蒂尔达·斯文顿（Tilda Swinton）或安吉莉娜·朱莉（Angelina Jolie）这样的当代时尚偶像。事实上，一些至今仍活跃在时尚界的最知名老牌时尚偶像，他们本人就投身于时尚产业，例如"老佛爷"卡尔·拉格斐（Karl Lagerfeld）、美国版《Vogue》总编辑安娜·温图尔（Anna Wintour）和法国版《Vogue》总编辑伊曼纽尔·奥特（Emmanuelle Alt）。他们的时髦并非来源于追随潮流，恰恰是他们引领了时尚。他们非常明确地知道自己喜欢什么、不喜欢什么，他们之所以成为众人膜拜的偶像，正是因为他们的风格是彻底忠于自己的。

　　这并不是说我反对时尚，完全不是。况且拥有自己的个人风格与时尚并不互相排斥，关键在于恢复时尚的本来面貌——一种艺术形式，而不要把其当作普适性的准则。如同音乐、建筑、文学一样，时尚也是一种艺术形式，是人类文化的重要组成部分，既反映了人类文化大规模变迁，也体现着小规模的文化运动（比如季节性的潮流变化）。那么，真正把时尚和其他众多艺术形式区别开来的，是时尚在日常生活中无处不在。从这个意义上说，时尚可能与音乐更为相近，每个人都可以对音乐这种艺术形式保持自己的看法。但与服饰不一样的是，大家并不会仅仅因为某些歌曲目前在榜单上排名前列，或者某位"时髦"人士告诉你去听，你就把这些歌整日单曲循环，对吧？答案当然是"不会"。你会选择听自己喜欢的音乐，而这也正是对待时尚应有的态度。

　　同音乐一样，时尚理应是一场创造力迸发、乐趣无穷的庆典。只要自己喜欢，你就不该为自己整身的前卫造型感到不舒服，也不该为没穿成潮流所定义的"时尚造型"而感到烦恼。如果你富于创造力，时尚完全能够成为你施展试验、发挥灵感并享受其中乐趣的好机会。直到今天，我自己仍旧对每个时装周倍感兴奋，还像以前处于购物狂阶段一样。但不同的是，我已不再把所有新潮流趋势和单品当作必须去做的事、必须购买的东西，而更倾向于将时尚看作一顿丰盛的自助餐，我可以尽情挑挑拣拣。假如我看到某套造型的第一眼立马就倾心不已，那我就会找到那套造型中的某样单品买下来，即便过段时间它们不再时髦了也照穿不误。但如果当季的流行与我的风格根本不搭界的话，我还是会继续穿以前那些喜爱的衣服。

在这本书里，我们会着重关注风格，而非时尚。的确，时尚是有趣的、充满灵感的，但同样也是瞬息万变的。没有任何人能保证几个月前还令你疯狂迷恋的潮流，过了一季仍能对你充满诱惑。如果大家的终极目标是打造一个很棒的、今后很多年都将继续为之心动的衣橱，那么请记住，个人风格永远应该是你们的最佳指南针。

5.将理论付诸实践：把时间和创意投入到发展个人风格里去，挑选出完美的服饰

许多人有这样一个误解，认为对风格的把控感是一种要么与生俱来，要么全然没有的东西。在他们的想象中，时装达人们不过是早晨起床突发某种天赋的灵感，灵光乍现出一个完美的、原创的、精妙绝伦的新点子，一套完美造型就此横空出世。

但另一个极端是，还有一些人坚信事情恰恰相反：他们把服饰和时尚看作简单的，甚至根本微不足道的东西，应该不费吹灰之力就能掌握。然而，一旦事情出乎意料，变得有些棘手，他们便会觉得自己似乎失败了，衣橱反而成为他们巨大压力和挫折的

来源。

那么，到底哪种观点是正确的？都不是。因为和其他事情一样，造型也是一门技术。这同时也意味着任何人都可以学习，你压根不必有这方面的天赋，但是，你也不能指望未经任何努力就可以达到精通的地步。

同生活中万事万物一样，造型需要练习。

我们需要时间来训练自己的眼光、体验各种不同的审美趣味，从而发展出一种对造型的把控感，让自己感到既自然又轻松。我们需要时间来弄清楚哪些类型的服装最适合自己的生活方式，并据此策划功能齐备的衣橱。同样，我们还需要花时间学习如何运用各式衣物穿出自己喜爱的造型。

最重要的一点在于，如果你想要最适合自己的个人风格，且衣橱里的服饰能展现这种风格的最佳状态，那就必须为此付出时间和努力。不过好消息是，无论目前你的衣橱是什么样，我们都能够让其恢复到最佳状态，这个过程甚至还会乐趣多多。你可以发展出一套带有浓烈个人色彩的着装风格，即便眼下你对这个风格是什么样尚且毫无头绪。所有这一切，需要一点点时间、一点点努力和一些正确的技巧。

极简主义和精心策划的衣橱

如果让我必须用一个词总结我的衣橱和挑选服饰的方法，那就是"极简主义"。不论你喜欢朴素、简约，钟情于朋克、摇滚混搭，还是更爱伊丽莎白时期哥特式的着装风格，本书中的工具和技巧都将帮助你打造一个极简主义的衣橱呦！

因为事情是这样的：极简主义作为一种美学风格和作为一种生活哲学，是两件完全不同的事情。

作为美学风格的极简主义

作为一种美学风格，极简主义（minimalist/minimal）一词被用来描述所有只留取最基本的核心元素的理念和做法。举例来说：

在艺术领域，极简主义是一个兴起于20世纪60年代的美学流派，反对第二次世界大战后出现的以大胆和用色丰富为特点的抽象表现主义，主张用色更为巧妙，喜欢运用干净利落的几何形状。

在文学领域，欧内斯特·海明威（Ernest Hemingway）和塞缪尔·贝克特（Samuel Beckett）通常被认为是最蜚声海内外的极简主义代表作家。他们的共同特点是实事求是的叙述方式，没有夸张的比喻、华丽的辞藻和描述。

当然，还不能少了极简主义风格在视觉艺术领域的运用，在当今时尚界可谓举足轻重。卡尔文·克雷恩（Calvin Klein）、吉尔·桑达（Jil Sander）和巴黎世家（Balenciaga）这些时装品牌，都以其简约、极具线条感的设计闻名。它们的时装通常都非常关注功能性，剪裁和版型干净利落、极具现代感，很少或甚至没有装饰，总体色彩较为低调。

作为生活方式的极简主义

极简主义生活哲学的主要理念和极简主义美学风格的区别不

大，都是删减掉多余、不必要的元素，关注剩下的基本元素。

但两者有一个显著的不同：在艺术、设计和时尚领域，极简主义是一种特定的风格，同其他许多风格一样，它能够通过一系列特点来定义和分辨出来。

然而，极简主义生活方式却不存在唯一的途径。因为极简主义本身并不是最终目标，它永远只是达成目标的一种手段。简约的生活，本质上说是一种用以提高日常生活品质的技巧，就像任何能令人保持愉悦、心境平和的事物一样。也正因如此，我们可以选择让哪些极简主义生活方式的元素以某种程度参与到自己的生活中来。

极简主义生活方式不在于拥有得越少越好或做得越少越好，而在于拥有对的东西、做正确的事情，让这些事物丰富我们生命的价值。

极简主义的目的是让我们深思熟虑，懂得取舍，明晰对自己和生活来说什么是对的，而非盲目追赶潮流或听从别人的建议。

这种特别的意向性正是让我的衣橱得以简约的原因，也是本书试图探讨的理念：即在个人独特的风格和生活方式基础上，非常明确自己想打扮成什么样，然后策划出功能实用的衣橱。

极简主义也并不是一个数字游戏。因此大家别担心，我不会让你们把自己衣橱里三分之二的东西都扔出去，也不会教你们怎样凑合着穿两双鞋。我们的目标不是把衣橱的服饰尽可能减少，而是让衣橱尽可能地实用、功能完备并赋予其强烈的个性色彩。当然，大多数有此经历的人，包括我本人在内，最后的确会发现衣橱里的东西变少了，而原因仅仅是一旦我们弄明白自己想如何穿戴，就没有理由再抓住那些多年积累下来的、有瑕疵的服饰不放了。不过，这个数字可能最初会变小，但会随着年复一年个人风格的发展逐渐增多起来。

本书使用指南

现在大家准备好打造出属于自己的最佳衣橱了吗？这本书里有你们开始实践操作所需的所有信息。

无论你是一个对时尚保持着持久热情，衣橱却问题多多的狂热爱好者，还是一个刚刚步入时尚大门的菜鸟，本书都将教给你怎样让衣橱的品质更上一层楼。跟着指示一步一步来，在升级衣橱的过程中尽情享受乐趣，顺便来一段自我发现之旅。

下面我们先快速浏览一下即将学到、实施和发现的所有内容。

精心策划衣橱的体系和方法

首先从对自己目前的着装风格和衣橱状况做一个彻底、全面的检查入手，这样才能明确知道在接下来的章节中我们应该重点关注哪些内容。或许在此之前你已经循着本书第6—7页的诊断图分析了自己衣橱的弱点所在，那么在接下来的一章中，你将在第35页找到一个综合问卷。借助问卷，你可以更深入地挖掘、分析个人风格和极简衣橱的方方面面。基于分析结果，在开启随后的自我风格之旅前做一些任务说明书。

发现自己的个人风格

在这个部分，你将通过一系列创意练习和很多有用的提示，学习如何发现（或者重新界定）自己的个人风格。你会沉浸于自己的灵感之中，试穿海量的衣物，从而找出哪些颜色、剪裁和元素组合能让自己充满自信、灵感迸发。这部分的最后一章将教你如何创造一个基于个人独特风格的深度剖析框架。这个框架就是你将用于改造自己衣橱的地图，具体如何操作在书的后半部分还会详细谈到。因此一定不要跳过这部分哦！

打造自己的梦想衣橱

好了，现在言归正传：开始策划衣橱吧！这一部分将出现很多小提示、循序渐进的步骤指示和具体案例，帮助大家综合各种元素，形成为你的风格和生活量身定做的多功能、个性化衣橱。我们会从一个小的准备工作开始，那就是对衣橱来一次大扫除，同时分析自己的日常生活方式。

接下来我将展示三个不同的概念，可以用来制定打造理想衣橱的策略。这三个概念分别是：衣橱的布局、色彩调配和穿搭法则。这三者并用也行，或者挑选其中一到两个自己最喜欢的综合起来运用，便足以确保你的理想衣橱与职场生活完美适应，书中还有一整章专门探讨如何针对职场对衣橱进行微调（第164页）。

一旦明确了解了自己想要一个什么样的衣橱，就是时候把梦想变为现实了，从第176页开始，你将学到如何一步一步地达成这个目标，最后还能够全面掌控新衣橱，并成为自己的最佳造型师。

购买的艺术

这一部分将为大家提供非常丰富的实用技巧，用来让自己做出更精明的购买决策。这些技巧不仅可以用以彻查和改造衣橱，还能让你今后的生活受益良多。这部分会围绕很多话题展开，比如，如何成为一个更"挑剔"的消费者，如何找到今后很多年仍能让你为之动心的服装，怎样充分利用有限的预算，等等。还有两个章节专门讨论衣物的品质（第248页）和合体程度（第266页），帮你挑选到高品质、极为合身的衣服，让你穿着既舒适，看上去又大方得体。

最后，本书的最后一章将着重关注"可持续性"这个话题，即如何让衣橱多年以后仍维持良好的状态（第278页）。

如何轻松读完本书

把本书中的工具和技巧用到何种程度，完全取决于你们自己。如果想给衣橱来个严肃认真的大改造，那就仔细阅读每个章节，跟着提示一步步进行重建。或者，如果你对自己的衣橱已经十分满意，那也完全可以自由选择感兴趣的练习项目，为你的个人风格或是衣橱某个方面的改进添上画龙点睛的一笔。

不论是决心完成本书中所有的练习还是设计适合自己的项目，我都非常推荐大家把整本书通读一遍，因为书中许多概念和技巧是环环相扣的。

改造衣橱会花多长时间?

这个问题的答案嘛，视情况而定。书中有些练习对你来说可能非常简单，那就快速略过，转战下一个环节。有些练习也许有些难度，或许会让你抓耳挠腮一阵子。如果你已经对自己的风格十分自信，或是在改造衣橱方面有些经验，那么在某些特定技巧的练习上将轻松许多，因而可以把重点放在培养自己独特的审美情趣，进一步完善衣橱上面。要是你在这方面完全是个新手，从没花什么心思在穿着打扮上的话，完成所有练习恐怕要花一些时间了。不过你一定能做到，我保证。

还有，如果你介于新手和经验丰富之间，那就一步一步来吧，完成练习需要花多久都可以，但别忘记同时享受其中的乐趣!

建立一份风格档案

什么是风格档案? 风格档案是一个收集你在本书中获得的所有想法、灵感素材、各种问题的答案和练习的地方。

你的风格档案可以是笔记本电脑里的一个简单文件夹（或者，如果你更喜欢用纸笔记录下来，保存在盒子里或装订起来亦可），里面保存有你的笔记、剪贴的样图和其他在阅读过程中积累的零碎东西。

为了让大家知道什么时候应该把练习和提示加入风格档案，本书中每个需要归档的练习左侧都会有这样一个衣架形图标。

02

开始第一步:
明确衣橱现状,
设定风格目标

开启风格之旅的最佳地点就是当前的衣橱。对于自己目前的穿搭方式，你喜欢哪些方面？哪些需要改变？还想学到什么技巧？等等这些问题，我们都将在本章中得到解答。

第一步非常简单：连续两周记录下自己的穿着打扮。然后，打开风格档案，开动脑筋，完成本书第35—37页的问卷，尽量详细地回答每个问题。这么做的目的是为了得出一个现有衣橱的全貌，同时了解自己在购买服饰、风格造型等方面的强项和薄弱环节。

现在，让我们开始吧！

第一步：记录着装打扮

说到风格造型，细节非常重要。因此，在记录自己装扮的过程中，不要仅仅模糊地概括性描述每天的穿搭。建议大家：给每天的每套装扮拍张快照，坚持整整两周，并且记下每套装扮出席的场合或环境。比如说：去上学，参加客户会议，或者完成跑步任务，诸如此类。为了对自己运用衣橱的方式有最精确的评估，大家可以试着选取两个再普通不过的星期进行记录，这样能够很好地代表自己典型的日常生活方式。

第二步：衣橱现状问卷调查

 当你完成为期两周的详细记录之后，把拍下的所有照片在面前一字排开，然后依次回答接下来的问题。

你的风格

- 过去两周里，你最喜欢的造型是哪一套？为什么？那套搭配让你感觉如何？

- 同样，这两周里你最不喜欢的造型又是哪一套？原因何在？这套衣服给你的感觉是什么？

- 从1—10打分，总体来说，过去两周里你对自己穿搭的满意度如何？

- 用三个形容词描述一下你目前的着装风格。

- 列举出五个过去两周中最经常穿的颜色。你觉得这些颜色能很好地代表自己对颜色的个人偏好吗？

- 你最经常穿的是哪种版型的衣物，其合体程度如何？（比如，紧身牛仔裤、喇叭裙、宽松的上装或是合体的西服外套）穿它们的原因是什么？

- 在挑选服饰时，你是否倾向于遵循某种特定的搭配法则？你有职业套装吗？

- 你对穿着造型的多样化有什么样的需求？你是否接受并喜欢不同的颜色、版型及服饰细节，还是更倾向于变化相对较少的标志性造型？

- 你喜欢着装非常考究还是穿得简单朴素？

- 你希望其他人注意到你的衣服吗？

- 你通常怎么给自己搭配造型？是喜欢把上衣掖进裤子和裙子里呢，还是喜欢挽起袖子？你最经常佩戴哪类饰品？

- 总体来说，你着装的舒适度如何？哪些特质能区分出衣橱里你感觉最舒适和最不舒适的服装，比如合体程度、面料或是细节做工？

- 仔细观察你所拍摄的快照，衣服是否非常适合你的体形？

- 无论是潜意识还是有意为之，我们的衣服都向其他人传递着信息，诉说着我们是怎样一个人、我们的价值观和个性特征。你现在的外表传递的信息是什么？你还希望自己的穿着打扮向他人传递怎样的信息呢？

- 想象自己充满自信（并且改造衣橱的资金无限多），你仍旧会打扮成现在这种风格吗？如果答案是否定的，那么你会如何改变？

你的衣橱

- 每天早晨挑选一套完整的衣着装束，是容易还是困难？

- 过去两周里，衣橱中穿过的服装数量占总量的百分之几？

- 你是否有适合每个季节的服装？

- 你现有的服装都适合出席哪些场合？

- 你的衣橱中能用于出席各种不同场合的服饰有多少？

- 对于重复同样的打扮，你持什么态度？两个星期里，从头到脚一模一样的打扮重复穿两次，你觉得可以吗？重复同一件单品呢？

- 你的典型购买策略是什么？相同的预算，你会更倾向于买少而精但价格相对昂贵的衣服，还是会选择买更多件便宜的单品？

- 说起买衣服，你做决定的典型过程是什么样？是常常心血来潮，仅凭一时兴致就下单，还是会在确保自己先比较过所有可选项后再做决定？

衣服和你

- 你花时间在造型和风格上的主要动机是什么？是把时尚看作一种创意表达途径，还是一种个人价值观和个性的展现方式？穿着时髦能增强你的自信心吗？
- 在如何打扮这件事儿上，哪些情绪对你的影响最大？当自己感到非常幸福或十分悲伤时，你会打扮得不一样吗？
- 缺乏自信会在多大程度上妨碍你穿成自己喜欢的样子？
- 生活中的人对你怎么穿着打扮的影响有多大？比如说亲密的朋友、亲戚、熟人和同事。相对而言，更亲近的人会对你如何穿衣有更大的影响吗？或者恰恰相反？

第三步：写下你的风格目标

 花些时间反思一下刚才问卷的答案，然后针对自己的风格现状、衣橱状况和目标，写一段总结。内容可以包括：

- 对于自己目前的穿衣风格和衣橱状况，哪些方面是你喜欢的？
- 你的穿衣风格和衣橱有哪些方面需要改变？
- 你想学习什么新技巧？

下面是几个生活中的实例，写总结时可以作为参考。

阿斯特丽德，36岁，为迎接新生活需要焕然一新的衣橱

两年前，我衣橱里的衣服非常适合我的风格和生活，那时我住在城里，有一份全职工作。但两年来发生了很多事：我们搬离市区，来到这个较为偏远的地区（这里常年的气候比以前居住的城市恶劣很多），我开始在家办公……而且，我有了一个小孩，他占据了我绝大部分时间和精力。我仍然很爱那些旧衣服，但它们就是对现在的新生活不再适用了。

对于自己目前的穿衣风格和衣橱状况，哪些方面是你喜欢的？

我有许多非常漂亮的衣服可用于出席一些盛大的场合，比如约会之夜、聚会和晚间举办的活动。我还有许多精选的服装适合出入职场，现在有时与客户见面或开会时还能派上用场。

你的穿衣风格和衣橱有哪些方面需要改变？

现在我没有任何适合白天穿着、又不会让整个人看上去像个邋遢鬼的衣服。大多数以前的衣服现在穿起来既不够舒适也不够实用，因为我成天要带孩子，而且那些衣服清洗起来很麻烦。过去几个月，我外出穿的基本都是瑜伽裤和毛衣开衫，可说实话，我讨厌这样的打扮。

你想学习什么新技巧？

怎样才能穿得既时髦又能满足日常生活的需要。

凯拉，23岁，自我成长远超过衣橱的现状

回答问卷的过程让我意识到一件非常重要的事情：在生活中，我的成长已经远远超越了我衣橱所能满足的现状。我现有的很多衣服还是大学时买的，可现在我有了自己第一份真正意义上的工作，我想变得更加自信、职业，我希望自己的服装也能表达出这一点。

对于自己目前的穿衣风格和衣橱状况，哪些方面是你喜欢的？

我确实有许多非常喜爱的衣服，至今仍能记得当年把它们买下来的初心。但不知怎么搞的，或许是穿搭方式出了问题，它们让我看上去很青涩，甚至非常孩子气。我从来不惧怕把鲜艳的颜色和各式图案穿上身，但我觉得问题可能在于混搭。我希望能找到办法，既能保持衣服颜色的鲜艳（比如亮绿色），又能让自己看上去更显成熟，如果这种想法成立的话。

你的穿衣风格和衣橱有哪些方面需要改变？

我的主要问题在于，我不喜欢现在的着装让我看上去年纪太小又不够职业。其中一个原因是我的衣服绝大部分比较花哨，因此我肯定需要一些基础款和精致的关键性单品，来搭配现有的趣味十足的衣服。另外，我居住的城市常年气温比较高，因此我常常用牛仔短裤搭配T恤。我非常想找到一些别的选择（或许可以是亚麻上衣搭配及地长裙之类的），总之适合上班时穿着。同

时，我还注意到，我的穿着还真谈不上什么造型或风格，时常打扮好后总觉得还缺点儿什么。

我的另一个问题是购物方式。我买得实在太多了，往往都没仔细想清楚，这是我之所以衣橱里装满了带花边的上衣，颜色也乱七八糟的原因。

你想学习什么新技巧？

学习怎样穿得时髦、精致，但又有富于趣味的小细节作为点缀。

更善于搭配。

遏制自己购买的冲动，开始把衣橱当作一个整体来通盘考虑。

莎拉，28岁，在着装上打安全牌？

同我的朋友们相比，长久以来我觉得自己穿着太随意，平平淡淡，安全但也过于乏味。我曾经以为这或许是由于我在这个领域没有天赋，对时尚也不是特别感兴趣。但实际上这是个彻彻底底的谎言。我对时尚很感兴趣。我是个非常注重视觉感受、充满创造力的人，热爱翻阅各种时尚博客，学习其他人的穿着搭配。只是近几年，我一直没有把心思花在着装上面，但现在我想做出改变。

对于自己目前的穿衣风格和衣橱状况，哪些方面是你喜欢的？

我喜欢自己衣橱里服装的颜色，或者说，恰恰是那些没有的颜色。在过去两周，我最喜欢的穿搭中必定会出现皮夹克和骑士靴，而我认为自己也想向大致类似的风格靠拢。另外，我还喜欢穿紧身牛仔裤。我以前觉得穿裙子可以很好地隐藏大腿，但事实上，穿紧身裤的效果也不错，A字裙则真的不是我的风格。

你的穿衣风格和衣橱有哪些方面需要改变？

基本上除了颜色以外，其他所有方面都有待改进。我的衣橱里大多数衣服种类是基本款上衣、牛仔裤、深灰或黑色的纯色衬衣。我希望能在各种版型上有所尝试，给所有衣服注入新的活力。我不想穿得太"咋呼"，因为那不是我的风格，但却想在穿搭方面增加一些趣味性。我还不太清楚要怎么做、具体方向在哪里，但我非常愿意穿出一种非常明确的"造型"，人们一看见立刻就能联想到我。

你想学习什么新技巧？

想学的技巧实在太多啦！我自认为挑选服饰的品味还不错，但还不够大胆，倾向于那些更安全的选择。我需要弄明白我的个人风格究竟是什么，然后学习哪些类型的单品可供我用于打造出这种风格。

PART II

发现你的个人风格

03

衣着传达出一个
怎样的你?

本章中有一些精神食粮，对我们思考时尚在自己日常生活中扮演的角色能有所裨益。另外，学习隐藏在杰出的个人风格背后的秘密。

有一个有趣的事实要告诉大家：每年，美国人均用于购买服装的花销在1100美元多一点儿，平均购置大约70件新衣服。现在，在你开始回顾上一次购物，计划统计出自己在服饰上的花销是否达到这一平均值之前，让我们先后退一步，缓一缓。

到底为什么我们如此在意自己的穿着？为什么我们不干脆都穿着旧而舒适的圆领长袖运动衫和宽松的裤子并感到心满意足？又是为什么，"风格"在如此众多人的生活中扮演了非常重要的角色？我们仔细研究一下，个人风格究竟是个什么东西？

隐藏在服装之下

许多人对时尚的喜爱仅仅出于好玩儿、能展示创意。时尚为人们提供了一个体验不同色彩、剪裁和面料质感的机会，就像艺术家一样。然而，还有一个更深层的原因，那就是无论你是否醉心时尚，你身上的服饰总是在张口说话。

> 我们的服饰在讲述一个故事，折射出我们的个性，倾吐着对我们而言什么才是重要的。

还记得么，这件衣服是你和男朋友约会那天穿的，你最爱在寒冷的夜晚自在地蜷缩在那件超大款毛衣里面，那条已经破旧的

短裤是你做背包客游历欧洲时每天穿在身上的……你的衣橱就是一个混杂了各种回忆、旧时的梦想和未来的憧憬的容器，是一幅反映你目前心理状况的写照。衣橱还是一个工具箱，因为服装不仅仅是自我的镜子，更充满了变革的力量：无论何时，只要想在工作中表现得格外自信，你就会穿上那件时髦的黑色西装上衣；这条色彩鲜艳、活泼的印花图案复古长裙，每次上身都能让你心情大好；还有那对你最心爱的耳环，每个特殊的场合都因戴着它而变得更加特别。

当然，变革的力量同样也会造成消极的影响：每当碰上不如意的一天，你总试图用深色、毫无版型可言的衣服让自己"逃离"这个世界，于是你对这种类型的服装赋予了某种消极的含义。结果是，你所有宽松的毛衣都强化了这种情绪，因为你确实在心情不好的时候成天都穿着它们呀，它们也就不能给你带来安慰了。

当穿在身上的衣服让你感觉不像自己的时候，也会令人情绪低落。假如你曾经上班或上学都必须穿着规定的制服，那么肯定能理解自己被迫身穿百万年绝不会主动穿上身的衣服，这种感觉有多奇怪，甚至非常不舒服。原因正在于你知道，服装永远是一种宣言。我们都会通过外在的东西去评判一个人的内在，不管有意无意。而且我们也明白，其他人也在用同样的方式评判我们。

因此，穿着与内在自我不相符的衣服会造成认知失调，让我们感觉不自在或"过于隆重"，即便服装本身并没什么不妥。

感到舒适且自信，我们需要身上的衣物让我们感觉像自己。

这就像是待在朋友家或住酒店。你可能很喜欢房间的装潢布置，但就觉得不是自己家，因为家里充满了你的回忆和心爱之物，每样物品都反映出小小的一部分你。

如果目前你对自己衣橱里的衣物不甚满意，碰巧因为它们与你的个人风格尚不相符的话，也别着急，阅读本书的过程中我们将改变这一点！

个人风格从何而来？

个人风格是每个人对各种不同元素偏好的混合结晶，比如色彩、版型、质地和样式。所有元素汇聚在一起形成一种视觉叙事。你的风格并非随机出现，也不是与生俱来的，而是一种映像，折射出你的个人经历和一路走来累积的思想、感觉、记忆等。

或许在某个时间点你看了一部电影，爱上了电影中的女主角，欣赏她的自信和无所畏惧，喜欢她出现时的造型——身穿直筒连衣裙，佩戴钻石首饰，脚踩恨天高。又或许一段时间里你沉浸于20世纪70年代的摇滚乐中，于是爱上了亮片连衣裙配皮夹克，

本书第21章探讨的正是如何定期给衣橱更新升级，使其与你不断更替演进的风格感相匹配。

以彰显自己孤傲的、崇尚精神自由的生活态度。也可能你最喜欢的阿姨曾经在你五岁生日时送你一件绿松石色的裙子作为生日礼

物，从此你便爱上了这个颜色。也许你现在甚至已经忘了当初喜欢上绿松石色的原因。很多时候，记忆的联结就在这种无意识中发生了，因此它们非常狡猾，难以追溯其起源，你只是知道自己喜欢所有绿松石色的东西。

任何一位伟大的艺术家都拥有鲜明的个人风格，从电影制作人索菲亚·科波拉、昆汀·塔伦蒂诺（Quentin Tarantino），到安迪·沃霍尔（Andy Warhol）、安妮·莱博维茨（Annie Leibovitz）这样的艺术家，再到著名服装设计师亚历山大·王（Alexander Wang）和维维安·韦斯特伍德（Vivienne Westwood）。他们的个人风格如同自己的生命共同体，始终贯穿于他们的所有作品之中。

例如电影制作人索菲亚·科波拉，出自她手的电影，无论是讲述一名年华逝去的影星、一位18世纪的年轻皇后，还是一个追星少年，影片中都弥漫着某种淡淡的忧伤，有着梦幻般的场景、粉笔画般清淡柔和的色彩以及大量特写和慢镜头。

摄影师安妮·莱博维茨从20世纪70年代开始给上百位社会名流拍过照。她至今仍忠实于自己的标志性风格：高对比度，强光，照片中的人物通常摆出有趣却随意的造型。

索菲亚·科波拉和安妮·莱博维茨很清楚自己喜欢什么，并坚持不懈地做着。你同样能够做到。

但这并不是说个人风格不可改变。

在生命过程中，你会不断获得新的体验。阅读、看电影、发现新事物，你的价值观可能发生变化，生活方式也相应改变；你持续不断地建立新的联结，与现有的联结混在一起，随时间推移创造出崭新的、不一样的东西。或许某年冬天，你着迷于厚实的针织毛衣搭配阔腿裤和踝靴，但下一个冬天却更喜欢紧身合体的服饰搭配半身裙。但不管怎样，一旦真正发现了自己的喜好，那种深深根植于心底的特定审美偏好很可能会持续一阵子，并在很长一段时间里成为你风格转变的基准线。

怎样发展出杰出的个人风格

发展个人风格就像是制作一尊雕塑。

你喜爱的颜色、面料、版型和其他审美偏好就是用作材料的泥土。动手前，你首先必须把泥土收集好，也就是说，深入挖掘自己的内心，让自己沉浸于灵感之中，体验各种迥异的色彩、面料和版型，找出真正吸引你的东西。然后，雕塑开始了：弄明白所有不同的偏好可以如何组合在一起，从而形成一种独立的视觉叙事。

这些步骤都需要付出努力。正如艺术家们花费经年累月来确定自己的美学标志一样，时装达人们也需要这样做。他们之所以会穿，可不是早晨睁开眼就突然冒出对某种风格的完美掌控感；相反，他们花数年之久，体验过各种造型，试验过那些现在我们看来值得炫耀的穿着搭配，不断练习，最终才能得以调整成型。

把本书接下来几个章节视为自己形成杰出个人风格的捷径。

假如你对自己喜欢怎样的穿着已经有了成熟的观点，那么在第二部分的最后，你将拥有一幅超清地图，上面描绘的是你独一无二的风格感，接下来可以用以升级自己的衣橱。

但如果你完全是个时尚新手，那就做好准备吧，收集属于自己的泥土，去发现什么类型的服装能让你感受到最好的自己。

04

发现你的风格，
第一阶段：获取灵感

通过收集海量的灵感素材来发现那些自然而然就能吸引你注意力的审美情趣、色彩和版型，开始打磨自己独特个人风格的第一步。

对于所有创造性过程来说，收集灵感素材都是第一步。平面设计师在设计某个标志时所做的第一件事就是把所有素材综合到一起，捕捉脑海中闪现的设计灵感。负责为电影中所有角色设计戏服的影剧服装设计师会花费数周，从其他电影、电视剧、时尚编辑那儿搜罗灵感素材，之后才开始操作缝纫机。而发展出杰出个人风格的最开始，同样是灵感搜集。你需要放眼外面的世界，将自己置身于各种不同风格和审美之中，看看到底什么能引起共鸣。本章的内容就将帮助你实践这一点。

用一个下午或晚上的时间，浏览各种博客、杂志和时尚资料，找到每一张以任何方式诉说出与你个人风格有关的信息的图片，把它们剪下来、钉在墙上或者保存下来，并在风格档案里记录下来。

如何最大限度地利用所搜集的灵感素材?

把所有东西聚在一起

这么做的结果是你最终能收集到数量庞大的一系列图片，可以任意排列、摆弄，寻找其中的规律和趋势。把所有图片储存在一起最便捷的方法，就是将其放进一个电脑文件夹。拼趣网

（Pinterest）上的图片板可以用于搜索和保存图片，但由于在图片板上不能随意移动图片，我还是推荐大家在对灵感素材进行原始搜索后，下载图片保存到电脑文件夹里。

寻找你在现实生活中会穿上身的服饰

与其搜集很多非常高端时尚的照片，不如将注意力集中在适合自己目前生活方式、有助于更新衣橱的物品上。把素材添加进灵感文件夹之前先问问自己，在现实生活中我真的会穿成这样吗？还是我对它的喜欢处于比较抽象的层面？但这并不是说多看看时尚专题压根没有好处，因为时尚专题指明的一些特定元素还是可以吸收进衣橱里，比如某种特殊的颜色。诀窍就在于只要意识到这点就行，然后你便可以自由地将《Vogue》杂志上的绝美硬照收入文件夹，比如一组模特儿置身梦幻森林的专题，只要你自己清楚，给予你启发的是其中大地色系的时装。

进一步深入搜索

最佳的灵感素材搜索是既宽泛又深入的：你的目标是让自己尽可能多地接触各种美学风格，感受能吸引你眼球的究竟是什么。不过，一旦发现真正所爱之物，比如某件特定的衣服或颜色搭配，一定要让自己进行深入挖掘。找出这件衣服的不同穿搭方式，看看其他人用什么搭配、怎么造型。如果你喜欢上一个时尚博主的衣着，那就去浏览她的博客档案，看看她的其他装扮。简言之：放任自己刨根问底。

删减图片

在搜集灵感素材的过程中，你将注意到自己喜欢的东西会变得越来越具体、明确。随着搜索渐渐深入，刚开始收集的一些喜欢的图片现在看来也许不那么吸引自己了。这是一件好事儿，意味着你开始形成自己的审美趣味了。对于寻找风格的过程而言，删除不那么喜欢的图片与新找到喜欢的同样重要，因为这一行为有助于建立并定义个人风格的边界。所以，一旦看到不再喜欢的图片，直接删掉吧。那些感觉不过是"马马虎虎"的图片不仅会分散你寻找心头所好的精力，还会让你收藏的所有图片的整体感觉偏离方向。

去哪儿找寻灵感?

博客和线上杂志

个人风格的博客、街拍博客和线上时尚杂志，都是汲取造型素材的最佳灵感来源。线上时尚杂志和著名的街拍博客会重点聚焦当前的流行趋势，因此如果你的个人喜好与当今流行趋势不一样的话，可以关注这些独具个人风格的博客。一旦确定了想看的网站，Google就是你的最佳伙伴。

纸质杂志和时尚书籍

博客是搜寻实用造型的好资源，纸质杂志则能为我们提供一种不一样的、更凝练的视角来看待时尚，因为杂志里往往有许多极好的策划和经过深思熟虑做出的购物特辑。从你最喜欢的时尚杂志入手，但要同时确保着眼要广泛！并且，假如真想深入挖掘，还可以阅读一些时尚设计类书籍、时尚史或时尚图集。

电影和电视剧

怎么把从书籍或杂志上看到的纸质版灵感素材数字化，你可以：（1）用手机拍下来；（2）扫描该页；或（3）上网搜寻那件单品或整套装扮的图片。

电视剧和电影，尤其是那些以当代为故事背景的影视剧是我最喜欢的现实生活风格的灵感来源之一，因为能从中看到一些装配完备的"衣帽间"。与杂志和品牌搭配图册不同，电视剧和电影中的角色会出现在各种场合（而非仅仅参加奢华的聚会），比如待在家，去公司上班，以及如何度过一个慵懒的周末。

拼趣网（PINTEREST）

拼趣网像是存满了新点子的蜜糖罐，还是一个可供你深度搜索的巨型工具，因为这个网站基本可视为一个连结人们灵感墙的庞大收藏库。比如你在里面找到一套喜爱的造型，那极有可能在同一个图片墙上找出更多类似的。拼趣网还有一个超级方便的功能是"相关图钉"模块：只要把鼠标滚动到图钉页的底部，就能发现更多相似的图片。

网店、品牌图册和产品目录

网店、品牌搭配图册和其他来自个人品牌的图片资料都能成为不错的灵感源泉，前提是你喜欢某个特定品牌的风格。一般来说，品牌搭配图册和网店会更充分展示服装，图片会更精简、衣服实穿性更强。因此如果你喜欢简洁一些的造型，时常翻阅品牌图册和产品目录再合适不过啦！另外，脑海中要时刻有一根弦，明白设计师们对单品的运用、搭配往往要贴合品牌的整体风格，但并不代表这就是单品的唯一穿搭方式。针对特定单品直接做一次搜索可以找出其他可供选择的造型理念。

观察他人

博客、杂志和拼趣网并不是发掘个人风格的唯一场所，好造型和杰出风格就在你们身边。因此，开始加以留意并训练自己成为一个观察家吧！举例来说，观察其他人都在穿什么，他们怎么混搭颜色，如何为服装选择配饰。把每一个抓住你眼球的东西记录下来，并找到相应的标志性代表，回家后立马就能将其收入你的图片档案。

着重关注哪些方面？

着装的整体感觉

有时候，吸引我们注意力的并不是某件单品，而是一套装扮的整体感觉。你可能会爱上一张图片，或许是因为其中弥散着70年代的怀旧感，也可能是因为图片中人们身着前卫的朋克摇滚装，还可能是因为图片充满了空灵缥缈的浪漫感觉。分辨出哪些整体感觉会引起你的共鸣，不仅能为你直接指向可收纳进衣橱的特定单品，也一定可以帮你发现自己的独特审美。

单品

麂皮沙漠靴、立体剪裁的上衣、时髦的皮夹克配紧身条纹衫——像这样记录下任何能令你在其中看到自己的单品或组合。

颜色

你对色彩的偏好是个人风格组成的关键因素。在浏览灵感素材的过程中，留意哪种颜色能吸引你的眼球。还有很重要的一点，有哪些服饰是你原本喜欢，但因为颜色而不再喜欢的。

服装的轮廓

特别留意哪些版型、剪裁、衣服的合体程度能引起你的共鸣。你爱穿腰部修身、下摆撒开的高腰半身裙吗？还是喜欢紧身牛仔裤搭配宽松款上衣？你喜欢半身裙或连衣裙的长度在腿的哪个位置？更倾向于喜欢哪种领口？当涉及服装版型时，长一寸、短一寸效果就将完全不同，因此对版型的描述一定要尽可能精确。

面料材质

留意各种面料、质地和纹理：从柔软的纯棉面料到皮革、厚实的针织面料或轻薄的雪纺。一件衣服的面料虽然并不总能从图片中轻松辨别出来，但如果图片足够清晰，而面料对某件单品的整体感觉至关重要的话，确保你一定要记下来。

造型

打造一身时髦的造型并不仅仅取决于穿什么，更重要的是如何穿。一两个聪明的造型技巧完全足以将最普通不过的传统T恤配牛仔裤组合变得惊艳无比。因此在寻找灵感的过程中，一定还要关注所有小细节，比如某位时尚博主把衬衫塞进裤腰的方式，她用什么饰品搭配及地长裙，还有她穿一身黑的时候采用什么样的妆容。

"求助！我喜欢的造型却不适合我的体形怎么办？"

我收到最多的读者提问是："万一我在收集灵感素材的过程中，不止一次发现吸引我注意力的衣服并不是大家推荐的适合我体形的款式或颜色时，该怎么办？我是不是应该直接把这些衣服彻底忽略呢？"

答案很简单：不！

事情是这样的：近些年来，我们一直被淹没在各种基于类型学给出的建议之中，从各种各样的体型分类理论到无比深入的色彩分析问卷，我们被灌输并广泛接受了这样一种观念：每个人只有极少数衣服版型和颜色适合自己。这简直太悲哀了。当然，的确有这种可能性，有些颜色会让我们大家看上去更显疲惫，有少数则会让我们看上去气色不错，但绝大多数色调我们都能驾驭。同样，版型剪裁也一样。有极少数版型可能会让你看起来整个人有些上轻下重，有的则可能让你看上去似乎瘦了几斤。然而，你的身体就是它本来的样子，衣服并不会施展魔法使其改变。

如果某件衣服适合你的风格，你也超爱的话，我坚信你会将其穿戴起来，而不用在意它是否应该把你的体形"显得更加漂亮"。另外，如果我们足够坦诚的话，所谓的显得更加漂亮其实是在说"令你看上去更瘦"，而这绝不应该是你考虑穿着打扮的首要目标。

如果你一定要这么想也没关系，总能找到一个折中的办法。

比如，要是你觉得非常宽松的男友式牛仔裤会显得自己很壮硕，那就选择稍微合体一点儿的版型；鲜艳的橘黄色不合适的话就换成较为柔和的蜜桃色，如此类推。只要是你真心喜爱的衣服，总能有办法令其适合你的身体。而你将在本书的下一章弄明白该怎么做。

但是现在，先仅限于把让你受到启发的单品图片保存下来，即便你并不确定某种单品、剪裁或颜色穿上身是什么效果。

如何利用灵感素材

好啦，想必你已经花了一下午或一晚上沉浸于灵感之中，现在留给自己的是一堆数量庞大的图片，有在线的，还有下载下来的。那下一步该怎么办呢？有两件事可做：精挑细选和识别模式。

精挑细选

快速编辑一下全部图片，剔除任何不再吸引你或看上去冗余累赘的东西。你应该还能清晰地记得，你喜欢这张图片的什么，它对你的个人风格有何启发。如果无法明确指出某张图片是如何启发了你，果断弃之。

识别模式

这最后一步正是魔法发挥其神奇的时候。从宏观的角度审视你搜集挑选的所有图片，然后将其分为具体的主题和元素。

首先，从本书第69页中选择一种分类，例如颜色，然后写下你喜欢的、从图片收藏中脱颖而出的色调和色彩组合。接下来，找出一些单品、版型、造型技巧等。不要着急分析图片中的每个细节，只要专注于你发现自己被一遍遍重复吸引的主体模式和特点就行了，因为这些模式和特点很可能就代表了你的个人风格的核心。

最后剩下的应该是一份精简的元素列表，上面都是你喜欢的、想将其纳入衣橱的东西。把这份列表看作是你理想风格的配方表或一份初稿吧。下一步，你将有机会尝试实践并调整列表里的内容。你的列表看起来可能是下面这个样子：

我喜欢的

整体感觉
复古
70年代的摇滚风
成人垃圾摇滚风
极繁主义
民族风

单品
各种版型和颜色的皮夹克
系带靴
超长款针织开衫
仿70年代廓形人造皮草外套
牛仔衬衫
彩色刺绣款短上衣

颜色
黑色，黑色，还是黑色
祖母绿
所有紫色系
金色（对珠宝和装饰亮片而言）
温暖的锈色：青铜色、红褐色
琥珀色、砖红

版型
高腰半身裙和高腰裤
阔腿裤
破洞牛仔裤
修身及地长裙
飘逸的长袍和短外套
喇叭牛仔裤
露脐短上衣搭配高腰裙或高腰裤
针织长开衫，内搭迷你裙和过膝长靴

面料材质
蕾丝
网眼
破洞牛仔
刺绣
全身亮片
灯芯绒
天鹅绒
毛线

造型
手镯叠戴
多层长项链
厚皮带
叠层混搭
斜挎包
猫眼妆
飘逸的长发
宽檐帽
通身牛仔
流苏包
在髋部打一个法兰绒蝴蝶结

05

发现你的风格，第二阶段：试验和调整

完成前面一系列搜索研究后，是时候出门实战啦！去各种服饰店，试穿喜欢的衣服，不断地试验、试验再试验。

如果你刚刚花了一个下午在杂志、博客和拼趣网上仔细筛选，完成了灵感素材收集的话，现在你的脑子里恐怕已经塞满了各种着装想法、颜色、搭配组合和想尝试的面料质地。可能的话，我还希望你现在脑海中已经有一幅粗略的图像，描绘自己的个人风格可能是什么样子。如果有那就太棒了，不过先别急着冲出家门、钻进商店！这幅脑海中的图像还只是一份初稿，因为截至目前为止，我们都是纯粹基于自己喜欢和讨厌的服饰类型在别人身上的样子来绘制这幅图的。

可是，欣赏衣服在其他人身上的美感，与喜爱把同样的衣服穿在自己身上可完全是两码事儿。

就我个人而言，我非常爱点缀有蕾丝小细节、腰以下撒开大裙摆的连衣裙，但却从没真正喜欢过那样的裙子穿在我身上的样子。因此，我向来只是远远地欣赏，而坚持夏天只穿吊带背心配高腰半身裙。

很可能在你收集灵感的过程中吸引你目光的所有东西里，有那么几件属于"仅供欣赏"而不能穿上身的，不过，除非亲自穿上试试，否则你永远不知道是哪些。

这也正是你需要试验的原因，不仅是为了准确地找出哪种美感、具体哪些衣服你可能会穿，还有你喜欢怎么穿。哪种上衣与

某类裙子最搭？怎么能让某种版型在你身上好看？你更喜欢哪种领型的毛衣？哪些造型小窍门能令你最为自信？如此林林总总的问题，都只能通过试验来获得答案。

所以，拿上你最终在灵感研究中写下的单品、颜色、搭配想法列表，将其付诸实践吧。你的任务是把清单列表里的所有东西都试一遍。例如，你发现自己非常喜欢A字型迷笛裙，便找一家有销售这种裙子的服饰店（最好这家店里有各种样式的迷笛裙）试穿，不带任何附加条件。要是列表里有"浆果色"这一项，就把能找到的所有类型的紫红色试一遍。或者，如果你爱上某种整体造型的美感，比如60年代的摩登派，那就挑战一下，用店里能找到的物品还原一个那样的造型。

> 假装自己是一位研究员在做实验：保持开放的思维方式，确保注意到每一个细节，用手机照下来，并做很多很多笔记。

这一步骤里，你的目标是重新界定并完善灵感列表，最终得到一份综合清单，包括所有喜爱的服饰及许多有用的细节。比如你喜欢怎么穿某类单品，最喜爱的搭配组合，需避免的是紧身还是宽松，等等。能找到多少衣服就试穿多少，但先一件都别买。

我喜欢的东西——经过修正以后

下面举例说明一下经试验、删减之后的灵感元素清单会是什么样子：

整体感觉

《欲望都市》中凯莉·布雷肖的风格

有成熟魅力的

+完美剪裁

单品

A字裙

~~露脚后跟的绑带高跟鞋！！！~~

百褶裙

合体的西装上衣

~~玛丽珍鞋~~

~~格子裤~~ ← 格子衬衫更佳

颜色图案

香槟色

蓝绿色 *格子衬衫更佳*

柔粉 *格子衬衫更佳*

深色水洗牛仔蓝

波尔卡圆点图案

~~全身白~~

印花图案 ↘ *看起来应该会成熟而不过于浪漫/新奇，最好是大面积印花*

版型

合体的铅笔裙配宽松衬衫

宽松的上衣 → *总是扎进腰间*

A字裙

细吊带上衣

最新喜欢的组合 → 连帽套头运动衫

紧身牛仔裤

毛衣和衬衫：V领

面料材质

薄纱（对裙子而言）

~~蕾丝花边~~ *不要*

真丝衬衫

羊绒（对毛衣而言）

还有美利奴羊毛也很好

造型

扣起的西装外套袖口

雪纺围巾

细腰带 *总是好的*

精致的银配饰

~~流苏包~~

长开衫外系窄腰带

正红色指甲油

~~珍珠项链~~ *对我来说太过于正统，珍珠耳环更合适*

再多提一句，关于试穿

开展造型试验的最佳场所是大型百货商场、中心购物区或任何店铺林立、品牌繁多的商业区。要是你觉得试穿那么多又不买心里有点怪怪的，只要记住，你最终是会掏出钱包的，只不过不是今天。作为顾客，在充分比较、了解之后做出购买决定是你的权利。一旦确定自己的风格，找到一个符合自己喜好的品牌，这家店会很欢迎你到来的。

还有一个选择是，让朋友和家人允许你参观她们的衣橱、试穿她们的服饰。要是你有几个朋友都在寻找自我风格的路上，那你甚至可以举行一个换装派对，大家带来自己挑选出的服饰供其他人试穿。

如何评估你的服饰

不管是具体如一双蕾丝芭蕾平底鞋、蜜桃色和沙色的组合，还是你想试穿的整体搭配风格，通过上述试验阶段，你都将不可避免地碰到一眼就爱上的东西，喜欢但并不爱的以及根本不合适的东西。碰上这些情况该怎么应对？

你喜欢的东西

简直太棒啦！把能想到的、这件东西出彩的所有细节写下来，同时别忘了给整体造型拍照，供接下来参考。

你讨厌的东西

本来你还兴奋地试穿，可一上身立刻就发现不对劲儿了，因为这件衣服完全大煞风景。但事实是，这种情况正是有趣的开始呢！记住，设计出一套完美的装扮可是门技术活儿。不论是颜色、服装轮廓还是整体感觉，尝试新事物就是在迈入一个未知领域。换句话说，你不能指望第一次尝试就有十足的把握。

举个例子，你心心念念想要还原一个在收集灵感过程中被吸引住的造型：高腰及地长裙搭配不规则剪裁上衣，于是你在一家店里找到这两件单品，直奔更衣室，迫不及待地想看看整体效果，期待看见焕然一新的自己……可是，第一眼看见镜中的自己时，你失望了。整套装扮看上去那么不好看，松垮没有型，你辛苦寻觅的70年代摩登派的影子都见不着。

这个时候，是不是应该把及地长裙配宽松上衣的想法彻底抛弃，接受它不适合自己的现实？先别着急！试试下面的办法。

拆解问题

这是事情的关键！弄清楚到底是什么不合适，颜色、组合搭配、版型，还是其他别的什么？对这点要无比精确仔细，因为很多时候，问题并不出在你尝试的整体风格上（在上述例子中就是长裙+宽松上衣这一组合），而在于你穿着的方式。也许是上衣过长，或者尺码不合适，因而无法设计出你想追求的特定形象；也许是裙子的结构剪裁不适合你身体的轮廓；还可能是裙子的材质太过轻薄贴身；又或许是你不喜欢上衣的颜色或裙子的拉链这样的小细节，从而分散了注意力。但这些都是很轻松便能解决的问题，换一件单品再试试就好。

但万一问题恰恰出在你试穿的这套服装本身呢？那么，有两个选择。

选择一：降低强度

如果试穿效果真不如意，调整某一方面让整体感觉依旧协调的最简单的办法，就是做减法或淡化某些元素。例如，浑身摇滚范儿不是你想要的，那么可以尝试在平时的穿着中加上一个流苏包和/或一件皮夹克。

参见本书第79页的更多案例，里面向大家介绍了如何降低某种东西的强度，具体做法取决于有待探讨的元素类型。

选择二：抛弃想法

尝试灵感元素清单的过程中，你会不可避免地遇到一些怎么都穿不对的元素或造型。并不是你脑海中喜爱的一切都能完美转化成与自己生活相符的着装。有些东西也许在别人身上好看，

让造型适合自己

	如果这些太烦琐了……	试试这样	
		降低强度	做减法
整体感觉	扎染印花及地长裙，版型上紧下宽	喇叭牛仔裤配宽松短上衣	元素单一却极具波西米亚风格的单品（比如发带）搭配更中性的基本款
单品	高筒系带靴	系带踝靴	
颜色	暗粉色上衣	更柔和的玫瑰色上衣	缩小暗粉色的面积（比如指甲油或一件该颜色的配饰）
服装轮廓	超大款衬衫配阔腿裤	同一件超大款衬衫配直筒裤，用腰带来打破整体轮廓	
面料	天鹅绒西服外套	天鹅绒钱包	
	蕾丝裙	带蕾丝边的棉布裙	
造型	夸张的羽翼状眼线	微微上翘的眼线	
	多层珍珠项链	珍珠耳环	

但换成自己就驾驭不了。这没关系，别难过，记录下来继续尝试别的好了。

你喜欢，但不热爱的东西

离心爱就差那么一点点！也许新造型有某方面令你一时难以接受，或者就是对新造型没感觉。不论是哪种情况，都可以对不喜欢的造型和元素采取以下手段：分解问题，逐一解决，看看简化以后是否喜欢，或干脆弃之。如果你对新造型的80%都喜欢，那很可能一点点调整就能对其百分百满意了。

怎样用穿搭诠释整体美感

尝试某种整体风格，无论其有相对固定的模式或只是你自己的混搭。相比起尝试单独的某件服装、某个颜色，整体风格都要复杂一些，因为它还包含了额外的内容：你需要搞清楚怎样把整体感觉转化为实用的装扮。

要做到这一点，最简便的方法就是选择两到三张最能传达你试图重现的整体感觉的图片，把它们一字排开，试着从中挑选几个脱颖而出的具体元素，像颜色、某件单品或某种版型。这些图片的共同点何在？一个所有图片共有又是该整体感觉标志性的元素是什么？然后，围绕这些元素打造着装。

额外挑战

想表现得更突出获得额外加分吗？作为风格试验的一部分完成以下额外挑战吧：

- 列举三样在别人身上出彩可你自己绝不会穿上身的东西。通过试验不同的版本或降低它们的强度，尝试挑战让它们可为你所用。
- 走进一家你认为压根不是自己风格的服装店，挑战自己从中找出一套完整的、你平时能穿出街的穿搭。

你是感觉不舒服还是只不过跨出了自己的舒适区？

当你不断尝试、冒险进入全新的风格领域时，可能时不时会感觉有些紧张，对新的单品、剪裁和颜色摇摆不定，尤其是当尝试更大胆前卫或更脱离常规的新造型时更是如此。如果你试图改造个人风格，那么跨出了自己的舒适区实际上是一个好现象，因为舒适区或许安全，却并不能令你快乐。如果某样东西真的符合你的风格，慢慢熟悉并爱上它不过是个时间问题。简言之，走出舒适区再自然不过，没什么好担心的。但刚开始，对某件东西感到危险和仅是单纯的不舒服，两种情况给你的感觉是一样的，都因为你真心不喜欢。可你也很有可能因此错过一件很棒的、本可以成为新衣橱里的、你挚爱的单品。

为避免这一 "惨剧" 的发生，你需要学习区分某件单品或整体造型不对劲儿的感觉，究竟这是走出舒适区的不适还是真正的难受。

跨出舒适区引起的不适和你的个人风格毫无关联，但却与你的自信心水平息息相关。

从本质上来说，走出舒适区意味着有两股全然相反的力量在你身上博弈。你对新风格的看法（更客观的那面）在告诉你："这就对了，我爱这个造型，就这么穿吧。"可你的自信心发射中心却在说："嗯……我不知道哎，这身打扮穿去上班会不会有点太不合时宜？我可从没穿过一身白呢……这是不是让我的臀部看上去显大？其他人会不会盯着看啊？"

然而幸运的是，我们的自信心水平每天都在变化。自信心水平过低会导致我们扭曲对一件新衣服的看法，降低这种情况发生的办法之一就是挑一个情绪好的日子去做穿搭试验。在心情不好、倍感压力或筋疲力尽的时候别去逛商店。相反，挑一个放松的日子，睡了一整晚好觉，有时间做个发型，化上精致的妆容再去试穿吧。一定要保证逛商店前自我感觉良好，因为这样一种整体的积极姿态不容易让那些无穷的烦恼（及根本不必要的声音）阻挡你试出好造型的脚步。

另一个区分走出舒适区的不适感和纯粹不喜欢的办法是用一点心理意念，骗你的自信心发射中心暂时关闭。举例来说，假定你一直是个穿牛仔裤配T恤的女生，现在想首次试穿一条设计简洁的连衣裙，可总觉得怪怪的。那么，问问自己，如果有位仙女教母赋予我足够的自信并解决掉我身材上的所有烦恼，我会穿这条裙子吗？或者，要是我搬去一个新的城市，有机会彻底改变自己，我会穿上这条裙子吗？如果答案是肯定的，你立刻会变得乐观，觉得这种类型的裙子和自己独特的审美很一致，并最终习惯它，可以骄傲地穿出街。

玩这种假装游戏有助于度过我们与生俱来的却是暂时的不安全感，最终触摸到事情的本质：你对这条裙子真正的感受。虽然听上去有些傻，但真的管用。试试吧！

如果你喜欢上某种元素，比如某个鲜艳的颜色或一种特殊的图案，却不愿将其纳入衣橱的一部分的话，可以试试看能否以另一种方式让它融入你的生活！比如，我非常喜欢那些自由奔放的花朵图案，但不喜欢身上穿得花花绿绿，于是我找来同类型的装饰品或艺术作品，放在家里作为点缀。

另外别忘了：你不必一下子就尝试深入到最后一步，从头到脚武装上黑色的皮衣、皮裤和铆钉，即便这种风格就是你最终想要的。先踮起脚尖试试水深，再慢慢将其融入自己的新风格，比如说，从在日常穿搭基础上加一个更新潮的单品开始。

形成自己的穿衣法则：建立一份合体程度和面料材质向导

大家都知道，我并不是一个时尚法则的崇拜者，任由别人基于我的身材、肤色和一堆多选题答案来告诉我该穿什么。但我的确相信，法则也是会有所帮助的——只要这些法则是根据自己来制定的。比如说，我的个人风格法则之一是绝不碰不收腰的或掖进裤腰中不好看的上衣。这不是因为我的身材，而是我从以往的经验中发现自己更喜欢干净利落的腰部或臀部线条。既然知道了这点，外出购物时我就完全可以直接跳过那些衣摆撒开的收腰上衣，也不用再关注直筒形的长款厚实针织毛衣，省时省力。

有自己的穿衣法则在挑选面料和合体度的时候特别有用，因为两者都难以把握，既能造就也能毁掉一套造型，而最重要的是，两者都极端依赖于你的个人偏好。不过再重申一次，发现自己的偏好首先需要大量试验，试验阶段正是你确定对两者喜好的大好时机！

接下来的几页是一份列表，包含了最常见的各种材质、面料以及判断服装是否合体的元素，像袖长、领型等。在你继续尝试各式各样衣服的间歇，花点时间评估一下你对现在身穿的衣服材质的喜爱程度，它们是否合体，并在风格档案中记录下来。假如你已经确切地知道自己讨厌或喜欢列表中的某一项，购物前就能轻松许多。

面料和材质

- 安哥拉山羊毛
- 羊绒
- 薄纱
- 雪纺
- 灯芯绒
- 粗牛仔布
- 人造丝
- 绸缎
- 真丝

- 棉
- 牛仔布
- 人造皮草
- 人造革
- 纱布
- 氨纶
- 麂皮
- 粗花呢
- 天鹅绒

- 针织
- 真皮
- 亚麻
- 马海毛
- 聚酯纤维
- 粘胶纤维
- 羊毛

是否合适

领型

- 一字领
- 绕颈式
- 高领
- 堆领
- 低圆领
- V领
- 圆领
- 方领
- 深V领
- 鸡心领

袖子

- 盖袖
- 插肩袖
- 无肩带
- 蝙蝠袖
- 短袖
- 七分袖
- 半袖
- 无袖
- 露肩袖
- 细吊带

腰线（上衣和裙子）

- A字形
- 束腰，下摆撒开
- 宽松
- 低腰
- 合适但不紧身
- 修身
- 直筒
- 量身剪裁

连衣裙/半身裙的长度

- 膝盖以上
- 及地
- 超短
- 及膝
- 中长

衬衫的类型

- A字形
- 宽松
- 直身
- 合身
- 褶皱

裤子的长度

- 九分裤
- 五分裤
- 七分裤
- 长裤
- 到大腿中部的裤子
- 超短裤
- 短裤

裤子的类型

- 靴裤
- 灯笼裤
- 量身剪裁
- 男友款
- 打褶裤
- 锥形裤
- 斜纹棉休闲裤
- 紧身/裹腿裤
- 喇叭裤
- 修身

06

综合所有元素:

形成你的风格概况图

恭喜你！你已经完成艰难的工作，花时间在试衣间里尝试了全新的风格、服饰合体程度和面料材质。现在，你已经准备好把所有信息编织进一个和谐完整的故事主线里了，那就是你的个人风格。

完成实地调研、试装以后，希望你现在不论是对自己喜爱的剪裁类型、颜色、搭配组合、喜欢衣服是宽松或紧身、最令自己舒服的整体风格是什么已经有了不错的想法。

那么在这一章，我们将综合之前的所有发现，把一切转变为你理想风格的具体轮廓。

先别管你的衣橱里目前都有什么，只要对理想中自己应该穿成什么样有清晰的想法就好，因为这能为你提供一份翔实的地图，指导你一步步调整、升级或是彻底改造自己的衣橱。

风格概况图总览

在这章中你将学到如何建立一份风格概况图，它由两个部分组成：

第一部分：一块情绪收集板，可以用来展示个人风格的整体感觉。

第二部分：一段写下来的总结，归纳个人风格的关键特质。

为什么是这两部分？因为风格概况图需要满足两个关键标

准：启发灵感兼具功能实用。情绪收集板从更广阔的整体视角囊括了关于你的个人风格的视觉美感，而写下来的总结则扮演着通往风格之路的地图。

在我们开始前再多说一句：在这个节骨眼上，感觉到一点惴惴不安、担心自己是否准备好精确定位出个人风格再自然不过，更别说将其具体描述出来了。但要记住：谈到个人风格，没什么是一成不变、板上钉钉的。在今后几年里，你很可能会看着现在很喜欢的服饰摇头叹息。你的风格将一直发展，但这并不代表眼下打造出心爱的衣橱毫无意义。发展出杰出的风格感全在于实践。因此，假使你对自己已经发现的个人风格没有十足把握也无需担忧。即便最终你并没能完成风格概况图的每一个小细节，或是对某样东西中途改变了看法，始终瞄准一个和谐统一的整体美感前进都将给你的衣橱带来奇迹般的变化，并帮助你训练自己审美风格的眼光。但关键在于：就算自己觉得还没完全准备好，也尽最大努力放手一试，并在今后不断调整。

准备好了吗？好的，我们开始吧！

找到规律：画出个人风格的第一笔

在开始着手完成上述个人风格概况图的两个组成部分之前，弄清自己风格的整体感觉和主要组成元素非常重要。

现在，通过前期的风格灵感搜索和实地调研，希望你已经注意到隐藏在自己最喜欢的服饰、颜色、面料材质和服装版型之中的某些规律。可能主要吸引你注意的是立体剪裁的极简主义服饰、干净利落的线条和宝石色调；或许你已经留意到自己喜爱的所有东西都散发着浪漫的复古腔调，从印花图案到蕾丝点缀；又或者你发现自己最喜欢的是两种一眼看上去南辕北辙的风格碰撞出的火花，比如都市运动范儿混搭一点点朋克风。

如果真是这样，那这个步骤对你来说会非常容易。但假如你并没有注意到任何规律和模式的话，现在就是个好时机，重新浏览一遍自己的各种不同喜好，找出它们怎样相互搭配整合为一个整体的方式。

具体方法如下：回溯自己通过试验阶段得出的最终元素清单，回答下列问题，用完整的句子或只是罗列要点均可，随你喜欢。把你的灵感素材和在实地调研阶段拍的所有照片用作自己的视觉参照，只要感觉必要。你可以随时反复审视这些素材，直到感觉自己抓住了个人风格的主线和精髓。在这个过程中，只需要关注大概念，不用担心细节，因为接下来在创作风格概况图时你还将有机会对细节做出调整。

- 你的个人风格的整体感觉是什么样？
- 最重要的单品有哪些？
- 最重要的颜色是哪些？
- 最重要的服装版型、剪裁及合体程度分别是什么？
- 对你的个人风格来说，有哪些必需的面料和材质？
- 对你的个人风格来说，有哪些重要的造型技巧？
- 思考两个以上上述元素可以如何混搭，融合于一套行头之中，并写下几个具体的方法。

下面举几个例子：

牛仔布（面料）+蕾丝（面料）+短款连衣裙（版型）=一条带蕾丝花边的短款连衣裙，上身搭配一件牛仔夹克。

摩登波西米亚风（整体感觉）＋连身裤（单品）＋橄榄绿（颜色）＝

橄榄绿连身裤配平底鞋、串珠装饰的手拿包和垂吊式耳环。

融合两种不同风格

有可能把两种全然不同的风格融合在一起吗？这确实是个普遍存在的问题，而答案是肯定的，完全有可能把两种美学风格融合为一个和谐统一的风格。事实上，正是这种融合定义了属于你自己的个人风格：精确定位出你喜欢的具体服饰，找到办法将其编织进同一条故事主线，这样，一个彻彻底底属于你自己的独特造型就出现啦！

那么，这个步骤一打眼看上去貌似比较棘手，而原因是，我们所有人已经非常习惯于把造型和风格元素分类，波西米亚风、校园风、古典风、极简主义、法式时髦范儿。如此种种，我们把"合体的腰线加中长款喇叭裙"等同于50年代造型，把"干净简洁的线条、黑白色调为主、不戴配饰"视为极简主义。类似这样的风格之于时尚界，就如同巴洛克艺术、装饰艺术或印象派之于艺术界，它们都是非常卓越、独特的视觉概念，通常与某场特殊的文化运动或某个特定时代息息相关，可以通过一系列特点被清晰地定义和识别出来。然而，就发展属于自己的个人风格的目的而言，你绝不必囿于这些前人的框架之内。

其实仔细想想，风格无非是一套独立元素的组合。把两种截然不同的美学风格融合在一起，首先需要把这两种风格分解为具体元素。仔细筛选哪些是你希望组合进自己个人风格中的，然后再想明白怎样把这些元素变成一套真实的打扮。

假设你非常喜欢极简主义装扮，但又同时受到90年代垃圾摇滚演唱现场的灵感启发，那么第一步，你需要问问自己希望这两种风格里的哪些具体元素成为自己独特造型的一部分，比如颜色、版型、质地、具体单品、细节等。通过这个步骤，你将把最初宏大的、有限制性的高端概念缩小为一套简单的、实实在在的元素，这样下一步处理起来就简单多了。20世纪90年代垃圾摇滚和极简主义听上去可能毫无可比性，但一条时髦且剪裁合体的裤子搭配一件重机款皮夹克听上去绝对靠谱许多。

风格概况图第一部分：情绪收集板

建立一块情绪收集板是个虽简单却让人不禁感慨"哇，功能简直太强大啦"的创意技巧，它被时尚编辑、平面设计师、建筑家广泛采用。

就本质而言，情绪收集板其实就是在画布上集满一系列图片。但鉴于你对如何安排图片位置拥有绝对的话语权，并能够在同一个画面中审视所有灵感素材，因此情绪收集板在把抽象、创意的想法和叙述视觉化方面具有非凡的优势，无论主题是一个品牌推广活动、一个时装系列，还是你的个人风格。

打造情绪收集板的过程和结果同等重要。你的目标是最终找到可用于自己风格的完整视觉参照物，但挑选和放置图片的行为本身也将有助于你对各种元素如何彼此搭配找到大致感觉，同时也确保你创造出来的整体风格图是自己真正喜欢的。

要创作一块情绪收集板，你会用到灵感素材搜集中找到的所有喜欢的图片，所以在进行接下来的步骤前，请确认这些图片随手可得。

为情绪收集板选择一种板式

建立情绪收集板有三种方式：

模拟

这是一种老派的做法：把所有图片打印出来或者从杂志上剪下，然后把它们粘到一张巨大的硬纸板上。如果你是个心灵手巧之人又同时享受做手工的过程的话，这种方式是个非常棒的选择，因为在此过程中，你会真正置身于自己选择的图片之中。只要保证自己手边有一台打印机就行，这样便不会让自己局限于只能选择那些能找到的纸质版的图片。

数字化1

这是我自己选择的方式，收集的所有图片都是电子版，用APP或软件来分类整理它们。是否采用这种方式取决于每个人运用软件的技术高低，你可能会对在Photoshop或者InDesign上创建自己的情绪收集板感到无比兴奋，其他能自由创作拼贴画的软件程序也不错，选一个你用起来最顺手的软件就好了。

比起老派的模拟方法，这个方式的主要优势在于更快捷，不需要先把所有灵感素材图片都打印出来，并且可以很容易地通过调整图片尺寸来增加或减少其在整块版面上的视觉冲击力。

数字化2

如果你不想费劲学习绘图软件或时间有限，那么直接把图片收集到电脑文件夹里或拼趣网上是更简单的选择。但要注意：这个方法最快但效率却最低，因为你不能随意安排图片的位置，也不能任意调整图片大小，从而使精确描绘个人风格受到或多或少的限制。

为情绪收集板筛选图片

　　一旦选定了情绪收集板的板式，你便可以开始着手挑选图片了。此处的关键点是时刻提醒自己，你希望筛选出的图片（1）要能够囊括所有你希望组成自己风格基础的独立元素，比如颜色、面料等；（2）综合来看，能够准确呈现你所追寻的造型的整体感觉。同时符合这两个标准最简单的办法就是一张一张精挑细选，从你个人风格的独立组成元素开始：对照之前整理出的颜色、主题、版型、造型技巧和面料材质列表，找出每一项相对应的代表性图片。在此过程中，你可以用到灵感搜集中积累的原始图片，但如果发现任何重要的附加说明（比如，"用配饰点缀一身白"），那么，一定要确保找一张新的图片做代表。同样，要是在实地调研中你已经为自己某身装扮或某件单品拍了照，那也让它们一起加入进来。

对情绪收集板进行微调

　　现在，既然你已经为情绪收集板选好了所有独立组成元素，那么是时候将它们安排在帆布的相应位置上了，摆放次序则按照你脑海中整体风格的最佳呈现方式来进行。要做到这点，你需要（1）决定你的风格中各个方面的重要性；（2）在情绪收集板上为这些方面确定其所占空间的百分比。毫无疑问，一些颜色、版型或面料对呈现风格的整体感觉至关重要，而其他元素则属于锦上添花型，并非关键且必须的。

　　特别强调那些标志着你个人风格的理念和元素，把它们的图片放大，安排在中心位置，并/或同时包括几张同一理念的不同示例图片，一些具体的单品和延展出来的想法枝蔓则放到边缘位置。

　　不断调整你的情绪收集板，直到其完美、精确地呈现出你所追求的美感。增加一些图片，同时撤掉一些，调整、调整再调整，然后继续开始风格概况图绘制的第二部分。

风格概况图第二部分：写总结

完成情绪收集板的拼贴之后，写风格总结的目的是给自己一些具体、实在的东西参考，这样，在改造衣橱成为自己风格的时候不会摸不着头脑。

写总结需要用到之前灵感搜集和实地调研阶段做的笔记，同时结合情绪收集板回答下面的问题。

关于个人风格的问题

● 你的个人风格命名为什么最为贴切？

● 用一到两句话概括一下你的个人风格背后的总体思路。

● 表现这种风格的一套典型装扮是怎样的？

● 这种风格表达出穿着者怎样的态度？其所传递的三个特质是什么？

● 呈现这种风格的关键性单品是什么？

● 主要色调有哪些？

● 这种风格包括哪些版型、剪裁和合体程度？

● 这种风格与哪些面料和材质最搭？

● 造型看起来是什么样？考虑一下配饰、具体的造型技巧、发型和妆容。

为你的风格命名

不确定自己的个人风格叫什么名字？可以从下列命名中找寻灵感：

● 当西海岸休闲范儿遇上东海岸校园风

● 当代摩登

● 古典男士着装

● 格蕾丝·凯利（Grace Kelly）校园装

- 都市极简主义

- 预算有限的兼容并蓄高端时尚

- 现代波西米亚风

- 希区柯克式的怪异与华丽

- 纽约奢华

- 慵懒街头范儿

- 色彩斑斓世界风

- 21世纪的维多利亚式浪漫

记住：为自己的风格所选的名字只要在自己看来有意义就可以了，所以，放手创造吧！

为了让大家了解总结写出来是什么样子，下面是一份完整的示例，来自模特儿维多利亚在本书中所呈现的风格概况图。

维多利亚的风格

你的个人风格命名为什么最为贴切？

受男士着装启发的法式时髦范儿。

用一到两句话概括一下你的个人风格背后的总体思路。

我的个人风格是基于受男士着装启发灵感这一主题，低调朴素、剪裁精良的服饰单品，以较浅的冷色调为主。装扮看上去毫不费劲却非常优雅。

表现这种风格的一套典型装扮是怎样的？

全开襟条纹衬衫搭配剪裁合体的斜纹棉布裤或男友式牛仔裤、牛津鞋，再加一件西装外套。

这种风格表达出穿着者怎样的态度？其所传递的三个特质是什么？

自信、精致、优雅。

呈现这种风格的关键性单品是什么？

黑色牛津鞋、乐福鞋、全开襟衬衫、轻水洗男友式牛仔裤和藏青色西装外套。

主要色调有哪些？

各种深浅不一的蓝色、沙色和白色；除了条纹以外，没有其他图案或印花。

这种风格包括哪些版型、剪裁和合体程度？

上衣和下装都宽松舒适；斜纹棉布裤、牛仔裤（紧身或男友式）以及宽松的西装裤。所有裤子必须是高腰的，这样能增加立体感和线条感。上衣则以圆领和翻领为主。西装上衣和运动夹克必须是稍长款，不要太修身。

这种风格与哪些面料和材质最搭？

裤子、夹克和上衣以厚棉布为主；衬衫和夹克主要考虑亚麻材质；皮带和鞋子选择未经精细加工的真皮材质；略带弹性的厚牛仔面料；冬天选择厚实的针织面料，秋天是灯芯绒，春夏则选择泡泡纱。

造型看起来是什么样？考虑一下配饰、具体的造型技巧、发型和妆容。

配饰主要考虑窄皮带、经典款手表或帽子。衬衫塞进下装里。卷起裤脚边露出一截脚踝。妆容：强调眉毛。

最后一步

当你对自己的风格概况图满意之后，轻轻拍一拍背，给自己一个鼓励吧！

　　你刚刚完成了这本书里所有界定风格的部分，在向卓越的个人风格和完美衣橱大步迈进。在你直接一头扎进本书其他实操部分、学习如何把新发现的风格转化为一个具备表达能力的、多样化的衣橱之前，先花一点儿时间完成下面最后一步。

　　找出目前的衣橱与你的理想风格不一致的地方。一旦你准备好彻底翻新衣橱、选择一些新单品的时候，这一步将有助于你设定优先次序。

PART III

打造你的
梦想衣橱

07

衣橱排毒：

完成指南

清理掉杂乱无章的东西，让你的衣橱保持最佳形态！向任何不能反映出你个人风格的东西说"拜拜"，跟所有还没剪掉标签的、对建立自信毫无用处的东西都告别吧。

好啦，让我们言归正传！现在，你应该已经界定出自己的个人风格，准备好把衣橱来个彻头彻尾大改造，使其华丽变身为你的最佳衣橱了。那么在这一部分，我们将把自己的风格概况图作为地图指引，更新现有衣橱，找出具体哪些种类的服饰应该继续出现在接下来的购物清单上。但在此之前，我们还必须有一些准备工作，首先从对衣橱进行一次大扫除开始。

把你的衣橱想象成一栋需要从头到脚进行大改造的房子吧。在刷墙、装新地板之前，你需要先撕掉已经破旧的丑陋墙纸，扯开旧地毯，扔掉所有已经破碎、生锈的旧玩意儿。或许最终，你可能发现自己衣橱所需要的不过是重新上一层漆，添置几件新灯具而已。但在此之前，你必须先摆脱杂乱和喧嚣，才能真正看清需要处理的到底是什么。

在这一章，你的目标是仔细检查一遍衣橱，把所有不能反映你的个人风格或是很久没有穿过的东西全部清除干净。这一步可千万不要手下留情：是时候把经年累月在衣橱最底部堆积如山的衣物整理一番了，不论是冲动购买的、穿上会让皮肤发痒的、不合身的，还是与风格概况图不相匹配的，统统和它们说再见。务必要留出整个下午或晚上作为不受打扰的排毒清理时间。

一旦你的衣橱整理完毕，便可以通过一年两次的小规模清理使其维持良好的状态。第21章有关于衣橱保鲜的更多内容。

清理前的准备工作

需要准备：

- 一到两个垃圾袋

- 六个盒子（袋子也行）

- 一面全身镜

- 一台相机（或者自己的可拍照手机均可）

- 一些好的音乐、零食和毅力

把六个盒子分别贴上如下标签：

- 捐赠或待售

- 纪念品

- 分离试验

- 需重新裁制修改

- 需修补

- 过季存放

都弄好了吗？好的，接下来打开音乐，赶紧动手开始吧！

大扫除

把衣橱里的全部衣物一件一件拿出来，对照本书第112—113页的流程图，仔细、彻底地评估你对每件衣物的感觉，决定它们的命运。

穿起来不再合适的衣服

捐赠或出售

任何不能体现个人风格、穿起来非常不舒服或丝毫无助于建立自信的衣服，都不配占据你衣橱的位置。但如果这件衣服的状况还挺好，那也没有理由将其扔到垃圾填埋场！你可以把这类衣物捐到慈善机构、赠送给可能喜欢它们的朋友，或者卖掉以赚取一点儿零花钱。

纪念品

　　毕业典礼时穿过的裙子、婚礼上穿过的鞋，也许还有那次去印度千载难逢的旅程中买的串珠装饰包，这些东西早在很久以前你就不再穿着使用了，但它们却承载着你对某段特别的、幸福的日子满满的回忆，根本无法将它们抛弃。那么好消息来了，你不必扔掉它们。只要把它们作为纪念品就好，它们可以占据家里的某一个角落，只是不在衣橱里罢了。把这些寄托着情感价值的东西放进写有"纪念品"的盒子，然后在大扫除结束后，找个好地方将其收藏起来。

垃圾袋

　　任何有洗不干净污渍的、破了的，以及已经坏到不能再修补的东西，都属于清理进垃圾袋的范畴，没有例外。同样，所有不能再穿的内衣、袜子和运动装备，也扔进垃圾袋吧。

尚不确定其命运的衣服

分离试验

　　当你犹豫不决的时候，揭示自己对某些服饰真正感受的最好方法之一就是把它们先拿出衣橱，在一个盒子里单独存放一段时间，或许放在床下是个好主意。通过这种方式，如果一段时间后你真的怀念某件服饰了，可以很容易地将其恢复原位。但很可能，几周后，你会把盒子里绝大部分东西忘得一干二净，那时候，你就可以底气十足地把它们扔掉啦！

再回到衣橱（就眼下而言）

　　如果你的衣橱需要大变革，那么在清理过程中，你很可能会动这样的念头：干脆把衣橱里绝大多数东西都扔出去好了，因为它们和我新发现的个人风格完全不合拍。慢着，先等一等！如果一次性扔掉太多的衣服，衣橱里很可能会空出一个巨大的缺口，于是你会想马上、立刻将其填满。这个缺口很可能导致你在过短时间内冲动购买太多东西，甚至来不及仔细考虑清楚。然后，你又回到了一切开始的原点。与其如此，不如就目前而言，先暂时保留你觉得马马虎虎的衣物，只要你还经常穿着（比如至少每两周会穿一次）就权且留下来。不要扔掉日常职场穿着的裤子，即便它们并不能展示你的理想风格或者并不是非常合身。同样，对于穿着率非常高但已破旧过时的运动衫也是如此，还有你仅此一件的无肩带肤色胸衣，虽然它已经穿了有些年头，颜色都有些轻微地发灰了，但却是你目前搭配白色上衣的唯一选择。当然，以后你可以买新的来替换这些衣服，但在目前这个阶段，当衣橱还有很多工程尚未完成的时候，你必须考虑周详，把钱花在缺失的关键性单品以及其他可能产生更大影响的必需品上。

需重新裁制修改

　　截边、把一件宽松衬衫改得修身合体、在衣服上加一些铆钉——一个好裁缝有很多办法改进衣服的版型和合体程度，而且花不了很多钱。把那些如果合体你就还会穿的衣服放进这个"需重新裁制修改"的盒子，衣橱大扫除结束后把它们送交到一个好裁缝手中。

你喜爱的衣服

需修补的

在手边放一个迷你缝纫盒，这样你可以自己做一些基本的修补工作，比如缝好开线的地方、钉牢松了的扣子，等等。对于技术含量更高的工作，比如修改腰身，通常还是送交专业人士解决比较好。

过季存放

这是一个可选项，但通过把过季的衣服存放在别处，可以让衣橱额外多出一些可供呼吸的空间。我个人更喜欢把衣橱的每一寸空间都用来摆放当下、当季经常穿着的衣服，而把其他季节的衣服存放在床下的几个盒子里。比如夏天把冬天穿的厚针织毛衣拿出来放进床底的盒子，冬天又把夏天穿的细吊带上衣和连衣裙换进盒子。这样的话，当我早晨起床打开衣橱的时候，只会看见今天能穿上身的服饰，衣橱也就没那么混乱了。

回到衣橱

万岁！如果一件衣服完全贴合你的个人风格、让你信心倍增，又穿着舒适，同时你已经想到用它做好几种不同的搭配的话，这绝对是一件要保留的单品！

大扫除后要做的事

在一件一件彻底检视过你衣橱里所有衣物之后，你肯定会对衣橱有一个无比清晰的认识。利用这一点快速分析现状：

- 你衣橱里最明显缺少的是什么？
- 哪些种类的服饰已经够多了？

想想服饰的种类（比如T恤、牛仔裤、半休闲的工作上装）、颜色、季节性衣物和功能，等等。

迅速写下一小段分析，总结你的发现和初步结论，例如：

衣橱大扫除让我再次确信，相比其他服饰，我最喜欢买的还是鞋。即便现在我已经扔掉所有从没穿过或与我的风格不搭的鞋子，剩下的鞋子数量还是要比所有裙子、裤子和外套加起来还多。结论：一段时间内，我绝对不需要再买鞋了。但确实需要添置基本款上衣、牛仔裤和衬衫，因为我的绝大多数衣服都太张扬啦，只能与朴素的纯色服饰搭配。同时，我还需要一些适合职场的衣服，现在我只有两条（两条！）既喜欢又能穿去工作的西裤，但我每周在办公室要待上四十个小时！

一旦付了钱，就要将其穿上身：沉没成本悖论

你是否讨厌浪费？你是不是这种类型的人，会跑出门买面包只为能搭配面包吃掉冰箱里剩下的一片奶酪？或者逼自己把剩下的沐浴啫喱用光，尽管你讨厌这瓶啫喱的味道？如果答案是肯定的，那你很可能正在陷入所谓的沉没成本悖论（The Sunk-cost Fallacy）。

沉没成本是所有我们已经付出而无法收回的东西总和，也可以理解为在任何东西上花费的、无法收回的金钱。由于我们都

非常不喜欢失去，但同时，失去的可能性却远远大于获得的可能性，因而对失去的恐惧反而成为我们行为的动力。于是沉没成本于我们而言简直不能再糟了。

这也是为什么我们尽一切可能避免沉没成本的发生。我们逼迫自己把付钱买下的东西"用光"；我们在电影院里坐满两个小时看一部不喜欢的电影，即便外面还有千百件自己喜欢做的事儿；我们坚持把早已不再美味的食物吃光；我们抗拒把已经不喜欢、不再穿的衣服扔掉，仅仅是因为以前买的时候价格不菲，我们不愿意这笔投资白白浪费。

但这正是悖论所在：钱已经花出去了，那就无所谓什么浪费，逼迫自己的结果是，真正浪费的是我们的时间、精力和衣橱空间。并且要记住：仅仅因为自己不喜欢某件衣服，不代表别人也不会喜欢！所以，为衣服找一个新主人，而你继续前行吧。

衣橱大扫除

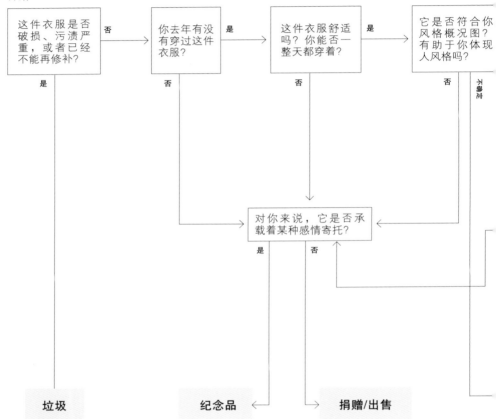

开始

这件衣服是否破损、污渍严重，或者已经不能再修补？ —否→ 你去年有没有穿过这件衣服？ —是→ 这件衣服舒适吗？你能否一整天都穿着？ —是→ 它是否符合你风格概况图？有助于你体现人风格吗？

是↓ 否↓ 否↓ 否↓ 不确定↓

对你来说，它是否承载着某种感情寄托？

是↓ 否↓

垃圾   **纪念品** ←   → **捐赠/出售**

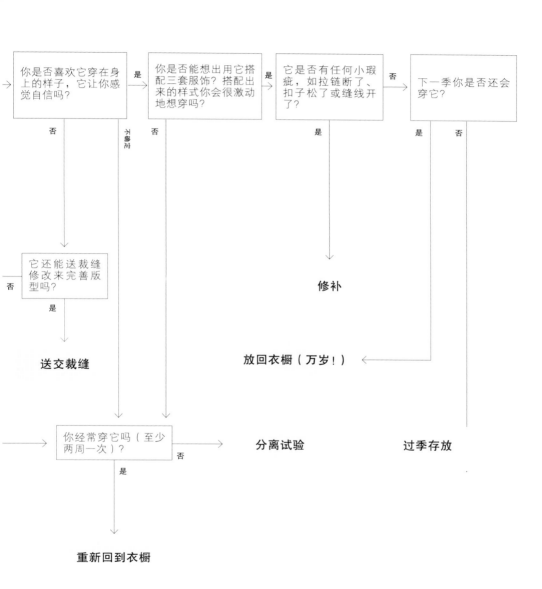

你是否喜欢它穿在身上的样子，它让你感觉自信吗？ ——是→ 你是否能想出用它搭配三套服饰？搭配出来的样式你会很激动地想穿吗？ ——是→ 它是否有任何小瑕疵，如拉链断了、扣子松了或缝线开了？ ——否→ 下一季你是否还会穿它？

否↓　　不确定↓　　否↓　　是↓　　　　是↓　　否↓

它还能送裁缝修改来完善版型吗？

否←　　是↓

修补

送交裁缝

放回衣橱（万岁！）←

你经常穿它吗（至少两周一次）？ ——否→ 分离试验　　　　过季存放

是↓

重新回到衣橱

08

如何打造适合日常生活（不是幻想中的生活）的衣橱

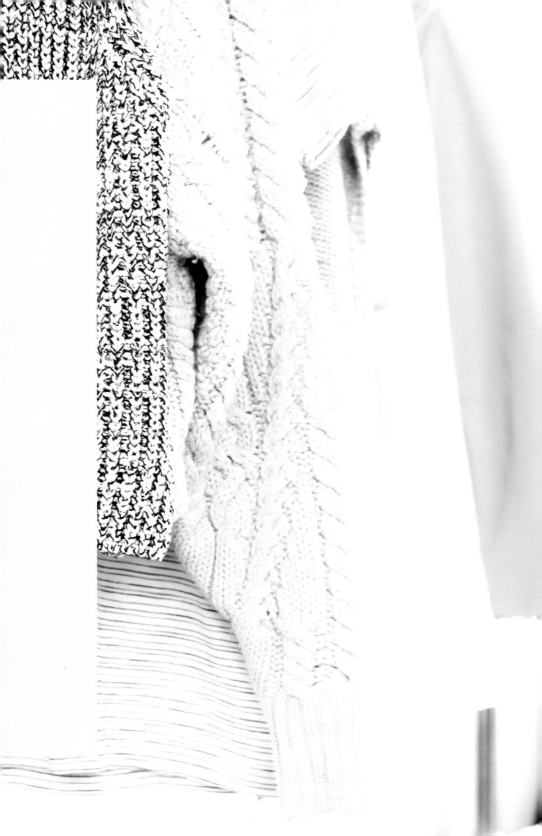

跟着我重复一遍：我的梦想衣橱理应依据自己的个人风格和生活方式量身定制。你已经了解了自己的个人风格，现在，让我们更仔细地研究一番你的生活方式吧！

时尚是一门艺术。你希望自己的衣服看上去不错，这是毫无疑问的，但同时，你还需要这些衣服穿起来既实用又让自己感觉良好，因为你正是身着它们在生活。你有许多要做的事、想去的地方、要见的人，一个功能齐备的衣橱恰恰能为你的所有经历和努力竭尽所能地给予支持，而非让生活更加艰难。

假如你每周只需要在办公室待两天，那么，你需要的肯定不是满柜子剪裁精致的西服套装，其他类型的服饰却少得可怜。同样，如果你是个学业忙碌的学生，绝大多数时间都泡在图书馆，那么一堆美丽的比基尼泳装和宴会裙也没法儿让你打扮得合宜又时髦。

从实用角度出发，你的衣橱需要非常贴合自己的生活方式，或者换句话说，就是非常契合你每天在做的事儿。不是你希望做的，也不是如果一切顺利的话你希望未来某天会做的，而是此时、现在。

当然，我们很容易理解为什么有那么多人，与实际相比，她们的衣橱看起来完全是另一种生活，因为有些东西买起来就是会比其他东西更充满乐趣！

相比起考虑自己不得不泡在图书馆、埋头苦读各种课本的时间里穿什么最合适，边幻想自己懒洋洋地躺在沙滩上打发时间，

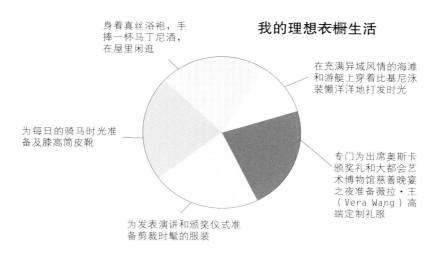

我的理想衣橱生活

身着真丝浴袍，手捧一杯马丁尼酒，在屋里闲逛

在充满异域风情的海滩和游艇上穿着比基尼泳装懒洋洋地打发时光

为每日的骑马时光准备及膝高筒皮靴

专门为出席奥斯卡颁奖礼和大都会艺术博物馆慈善晚宴之夜准备薇拉·王（Vera Wang）高端定制礼服

为发表演讲和颁奖仪式准备剪裁时髦的服装

边浏览你最喜欢的网店售卖的泳装肯定会有趣得多。

然而，那些学习任务和学习时间终将发生，可你却不能不穿衣服呀！所以，你更需要的可能是穿得既自信，又便于处理一天的工作。

对你来说，完美的衣橱就是一个无论你的计划是什么都能辅助你达成的衣橱。理想的状态是，这个衣橱应该契合你的生活方式，你日常所做的所有基本活动都有大致相等的衣服数量相适应。这就意味着，假如你在一家公司办公室做全职工作，每个月会参加两次豪华晚宴，那么你拥有的职业装数量应该远超过晚宴装。要是你每周健身三次，一年才去一次海边，相比起泳装，你肯定应该拥有更多的训练服。听上去很有道理，对吧？

不过，你并不必非常精确地计算出某活动到底需要多少套服装（不过如果这么做恰恰是你的习惯的话，也未尝不可）。但是，在你准备彻底翻新衣橱之前，对哪些活动需要准备相应的服装以及更换频率有详细的考虑会很有帮助。因为通过这个步骤，在翻新衣橱的过程中你就能够将关注点放在填补缺失的环节，同时避免让已经冗余的部分雪上加霜。

生活方式分析五步骤

通过以下五个步骤来定位你的生活方式和衣橱所需。

步骤一：

写一份清单，罗列日常两星期中你的每一项活动，从懒洋洋地躺在家里的沙发上，到去高档餐厅与客户共进晚餐，事无巨细，而线索就是你在第2章里进行的穿搭记录。在这张清单上，根据罗列的每一项条目，大概估算一下两周内有多少天你需要使用到针对这项活动的服饰，比如下面的例子：

- 工作（办公室）：7
- 工作（在家）：2
- 出席会议：1
- 约会之夜：3
- 健身房：3
- 徒步远足：1
- 晚上出门：2
- 在家休息：6
- 穿正式礼服的场合：1
- 会朋友（白天）：4

步骤二：

把清单上的活动分类，能穿同一类服装的活动归为一类，计算出每类活动需要用到同类服装的次数总和。要考虑诸如白天、夜生活、工作、特殊场合、健身等类别。例如，由于我在家办公，因此每个星期日的慵懒午后和不出门赴约的工作日，我基本上都穿同一类服饰，那么，我据此就能把这两项活动归为"用于休闲的白天"这一类。

- 工作（公司规定的着装，用于办公室和会议）：8
- 白天（在家办公，约见友人）：6
- 半正式场合（约会之夜以及晚上出门）：5
- 在家休息：6
- 穿正式礼服的场合：1
- 健身（健身房和徒步远足）：4

步骤三：

现在才开始有意思的部分。画一个饼图，表示平均两周时间里每一类活动需要用到该类服装的频率。不用考虑具体的测量标准，你只是在尝试把各项比例视觉化而已，因此目测即可。

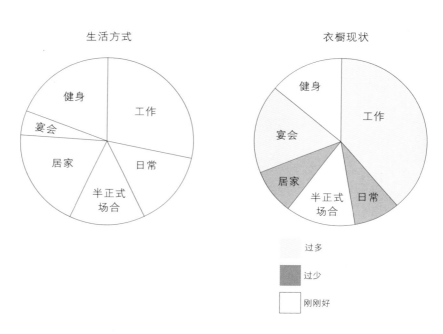

步骤四：

再画一个饼图，但这次是表示你的衣橱现状（用相同的活动分类作为衡量点）。现在，把两张饼图放在一起对比一下，哪类活动的衣服过少、过多，或者刚刚好？

步骤五：

　　打造一个完美衣橱并不仅仅是确保自己不管做什么都有足够的衣服穿；衣橱里的每一件衣服还应该同样既实用又能与其他场合穿着的服饰相搭配。

　　举个例子，假设你的办公室里空调一年四季都开得非常大，你经常感觉冷飕飕的，那么你的衣橱里应该囤满针织衫，用重量级外套取代无袖上衣，用紧裹的鞋子取代露趾鞋。同样，如果你的工作需要站立一整天，那么就别心心念念十二厘米的高跟鞋了，要确保自己有几双时髦又舒适的靴子或低跟鞋可供选择。

　　当然，这些都是常识性的东西。你知道应该选择令自己感到舒适的衣服，以适合日复一日的生活。但有时，尤其当你站在拥挤的试衣间里的时候，却很难把这一切牢记在心。我对此的建议是：为自己写一份小清单，下次外出购物时可有所参考。

　　下面是具体做法。一项一项地把前面你列出的活动类型仔细回顾一遍，对每一种活动都问问自己：理想状态下，一件参加这类活动的衣服需要满足哪些具体功能。可以用下列问题作为开始：

- 参加这类活动的衣服，需要能应对什么样的气象条件，一般气温是多少？你居住的地方气候如何？你是会穿着进行户外活动，还是待在室内？你经常容易觉得热还是冷？

- 这类活动所需的衣服是否需要满足某种着装标准？可以考虑像是正式的商务装、时尚休闲、需要遮盖纹身图案或穿孔、隆重正式的晚会或社交场合，诸如此类。

- 涉及鞋子的时候，考虑你会走多少路？你更喜欢多高的鞋跟？

- 涉及包包的时候，考虑包里会放哪类物品？最理想的包包尺寸、自重和内部结构是怎样的？

- 对所有衣服而言，你能承受什么程度的保养方式？如果每周出入一次干洗店不在你的预算之内，或者你的工作非常忙碌，那

就尽量买能直接扔进洗衣机的服装吧。如果你不喜欢熨烫，就往衣橱里添加一些材质不易起皱或者不需要特别挺括也能很好看（比如亚麻材质）的服装。弄明白你能有多少时间花在保养衣服上，然后去寻找能符合这项限制的衣服。

建立优先次序

一旦你已经准备好对衣橱来个彻底大改造（完成指南可参见第13章），首先将目标瞄准储备数量不足的服饰区域，不论这个区域是你的职业装、日常装还是运动装备。举例来说，比如你发现自己生活中适合出席各种特殊场合的衣服有很多，但占据生活90%的日常生活却缺乏相应的服装，那么你的第一笔置装预算就一定要用来填补这个空缺。

还有，除非你的衣橱已经要被挤爆，否则先别着急缩减数量过多的服饰区。一旦每件衣服都成为你的心头所爱之后，有更多选择就根本不成为一个问题。只要经常提醒自己，一段时期内别再往这个区域添置更多的行头了，而把钱先投向衣服数量不足的区域。

09

衣橱布局

接下来的内容是一幅用于打造出功能兼备的衣橱的蓝图，让改造完毕的衣橱既能展示你的个人风格，易于混合搭配，同时还能提供很多着装搭配选择，从非常休闲的装束到出席奢华晚宴，一应俱全。

还比较年少的时候，我买衣服都非常随意，毫无任何策略可言。衣橱里的每一件单品都是我这儿挑、那儿选来的，仅仅因为它们在展示货架上看起来很可爱。我几乎不会考虑一件糖果色的毛衣或A字裙要怎么与衣橱里的其他衣服相融合，也不会想它与其他单品怎么搭配更合适。我喜欢，于是买下来。但现在我意识到：你的衣橱应该不仅仅是一件件孤立单品的集合。

一个很棒的衣橱就像是一台加满油、足够润滑的机器，它由许多相互关联的部件组成，这些部件共同起作用。衣橱里的各式可互搭的单品让你能自由搭配，并创造出各种各样不同的、符合你个人风格的装束。

但怎样才能打造出这样的衣橱呢？你需要一个好策略，一幅蓝图。可用于指导自己打造出理想衣橱的策略有三，在本章里我会向大家展示其中之一。我们也会谈到其他两种策略，它们都基于本书第10、11章中涉及的色彩选择和穿搭法则。

平衡是一切的中心

改造策略的首要关键点，是要确保你的衣橱平均储备有以下三种类型的衣物：

1. 关键性单品，能真正体现个人风格的精髓所在，可以有很多不同的穿搭方式。
2. 表现型单品，为你的造型增添趣味和多元性，并有助于你从不同侧面展现自己的风格。
3. 基本款，用于平衡那些更为醒目、大胆的单品，并为其他单品铺垫一种中性的背景色。

实践这样的三重结构有许多益处：

● 能万无一失地保证每件新购置的单品都有其清晰的角色定位，并都能融入衣橱的大框架之内。

● 有助于策划出一个均衡的衣橱，避免只购买表现型的单品或把全部预算都花在同一件T恤的六个不同版本上。

● 这还是一条捷径，保证你的衣橱里囊括非常多的搭配选项，可应对任何情绪或场合。同时，无论是休闲随意的穿着还是隆重的盛装都件数合理，平衡有序。你需要一套出席超豪华晚宴的装扮？那就挑选出各种表现型单品。你想看起来休闲又精致？那就从中找出几件关键性单品，搭配基本款鞋子。或者你希望在白天也能穿一件出彩的表现型上衣，外加最喜欢的高跟鞋？给它们搭配基本款裤子和极简造型的配饰即可。就是那么简单。

是什么决定了一件衣服是基本款?

白色全开襟衬衫、牛仔裤、纯色T恤:这些都是典型的基本款,对吧?先别那么快下结论。同时尚杂志可能诱导你相信的不同,事实上并不存在让某样东西被称为基本款、关键性或表现型单品的唯一定义,一切都不过是取决于你的个人风格。我自己的风格比较倾向于休闲风,因此对我来说,像大印花图案的东西或鞋跟超过五厘米的鞋都属于典型的表现型单品。但对于一个风格大胆的人而言,同样的东西可能只是她的关键性单品,甚至是基本款。重要的是你的衣橱里这三类功能性物品间的关系:基本款要比关键性单品更休闲,而关键性单品要比表现型单品更随意一些。

接下来,我们将从更细节之处来看看衣橱必备品的各个类型,以此帮助你找到适合自己风格的关键性单品、表现型单品和基本款。

关键性单品

关键性单品是你衣橱里任劳任怨的主力选手,它们能百分百呈现个人风格的造型和感觉,功能多种多样并完美贴合你的生活方式。适合你的风格的最完美关键性单品,既不会特别大胆前卫也不会过于平淡,而是恰好处于你盛装打扮和随意穿着的正中间。

典型的关键性单品

夹克、外套、裤子、半身裙、鞋、包和多功能上衣。

预算策略

在翻新衣橱的过程中，关键性单品应该享受到优先款待，因为它们对你以后的个人风格表现力将产生最大的影响。因此，优先考虑购买关键性单品，在品质上严格把关。你的关键性单品必须尽可能地经久耐穿、剪裁合理，即使经常穿着也能保持很多年。

把风格概况图和情绪收集板放在面前，问问自己：哪5—10件单品最能呈现你的个人风格？想要打造能展现风格的造型，你需要的关键性单品有哪些？

表现型单品

表现型单品能为你的衣橱增添一些多元趣味，有机会展示自己风格的更多面向。你可以在合适的特殊场合把它们穿上身，在任何你想要拿下一套更大胆前卫造型的时候，还可以用它们搭配基本款和关键性单品，为自己加几分额外的魅力。

表现型单品并不需要与衣橱里其他服装有太大的可混搭性，但实际经验证明，每件表现型单品还是应该能搭配至少三套不同的装扮。

典型的表现型单品

造型、设计大胆的鞋、珠宝和其他配饰，以及配色大胆前卫、带些独特小细节的上衣、连衣裙、裤子和裙子。

预算策略

鉴于表现型单品很可能是你衣橱里穿着频率最低的衣物，因此，别在这方面花费过多不必要的开支。你希望自己的衣服看上去又好看又合身，这是当然的，但表现型单品并不需要一定能穿很多年。所以，把钱花在关键性单品上吧。

从各种角度审视你的风格概况图和情绪收集板，看看在上一个练习中挑选出的5—10件关键性单品是否能涵盖所有维度。可以考虑色彩、版型、样式等。基于此，选出5件表现型单品。

基本款

衣橱中，基本款的作用是为其余单品提供支持、保持平衡。它们能让一身大胆前卫的造型变得不那么张扬，也能给其他单品搭建一个中立的舞台。同时，它们还可以用来填补任何空缺（举例来说，

购买基本款时关注细节的重要性，可参阅本书第222页。

你知道那条表现型的连衣裙足够让自己在晚会上神采奕奕，但你仍需要一双鞋来搭配）。

无论是色彩、剪裁还是细节，基本款都应该比关键性和表现型单品更简洁。但简洁并不意味着无趣或千篇一律。你的衣橱里的每一件单品都应该体现你的个人风格，基本款也不例外。

典型的基本款单品

上衣、T恤、牛仔裤；纯色的裤子、半身裙、鞋。

预算策略

由于基本款比起其他类型的服装来说造型更简洁，也没有很多细节，因此不论一件基本款是什么价位，你都应该挑选品质最好的那件。不过，也有一个例外，像一些剪裁设计比较复杂的单

品，比如外套或牛仔裤，就应取决于其合身程度。

想象自己在前面的练习中已经挑选出5—10件关键性单品和5件表现型单品，其他的一律没有。开动脑筋，想出你为应对不同场合挑选的几套装扮。要配备一个齐全的迷你衣橱，你会需要哪5—10件基本款？

评估衣橱现状

先抛开你的衣橱现状不谈，本章开始这三个思考试验的目的是帮助你打造出一个迷你衣橱，里面各类服装配比均衡，又能契合你的个人风格。把这个迷你衣橱暂时记录在风格档案中，之后我们将用它和前几章整理出的穿搭想法一起，在第13章创造出一份用于翻新衣橱的详细购物清单。

> 思考试验是一种创意技巧，通过排除所有外界限制、渐渐消除所有空白，我们得以比较容易地提出一些新点子。

通过完成最后两个步骤，明确在理想的迷你衣橱和现实衣橱之间，有多少重叠的部分。

第一步：

目前，你的衣橱平衡度如何？里面是否很好地囊括了关键性单品、基本款和表现型单品？或者，是否出现其中一类衣服几乎没有，另一类数量不足的情况？

第二步：

回到前几个练习中你罗列出的清单，对比清单中和目前衣橱里的关键性单品、基本款和表现型单品，把任何已经有的（或相似的）东西划掉。

10
筛选出一个
多功能调色板

色彩喜欢联合统一！了解有关调色板的一切详细情况，学习如何从零开始，调配属于自己的色板。十二种调色板可作为你学习的开始。

无论你喜欢穿得如彩虹般五彩斑斓还是更喜欢精致时髦的黑白配，或者是介于两者之间，你对色彩的喜好是组成个人风格的最重要元素之一。

色彩具有一种力量，能瞬间触发一个人的情绪、感情，同时也与某种文化或某个时代相联系。比如，我们大多数人会把柔和的色调与年轻、天真无邪联系在一起，银色和蓝色调通常代表着平静、精致，而深紫色和红色系则与权力、地位相联系。

色彩的这种种联系在某种程度上是普遍存在的，有些关乎文化，但我们的个体生活经历同样形塑着这种关联性，让我们每一个人都产生对某些特定颜色的非常独特的偏好。

保证你的衣橱能反映这种色彩偏好最简单的方法，就是创造出属于自己的调色板。

建立调色板是指导我们打造理想衣橱的三个重要策略中的第二个。这个实践练习非常有趣，可以为策划和谐衣橱提供一份具体蓝图，让衣橱里的服装都易于搭配。属于自己的调色板还将有助于你综合所有元素，找到百分百与自己风格协调一致的装扮。另外，一旦你开始依据自己的调色板来改造衣橱，购买新单品将会简单如小菜一碟——比如那件新买的毛衣或靴子不仅能毫无阻碍地融入衣橱之中，你还会有很多很多单品能与之相搭配。

调色板

　　一个好的色板需要具备哪些因素？有以下几个方面：每个调色板应该包括6—12种颜色，这些颜色既能与彼此协调配合也能体现你的个人风格。最重要的一点是，调色板里的每一种颜色都应该有其明确的功能，具体功能则取决于你希望这种颜色在衣橱中扮演的角色。

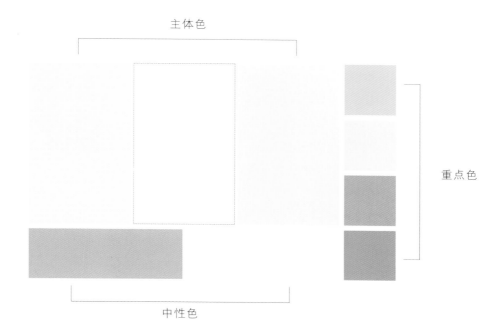

主体色

重点色

中性色

主体色

调色板中的主色调应该能展现你的风格概念的主要特点，并能真正成为你所追寻的整体造型的标志。假如你想打造的是20世纪70年代典型的波西米亚风格，那么你的主色调可以是棕黄色、橘红色和芥末黄。要是你的风格是哥特和朋克元素的混合体，那么主体色就可能是黑色和红色。如果你想追求艾莉·伍兹（Elle Woods）在《律政俏佳人》（Legally Blonde）中所扮演的角色装扮，主色调就应该是桃粉、绛红和紫罗兰色。

你的主体色完全等同于你最喜欢的风格色。你最喜欢穿哪些颜色？还有哪些颜色没有穿过，但却想要它们在你的衣橱中占据主要地位？

无论是缤纷色彩中的哪一个，不管是深灰色还是紫粉色，根据每个人不同的具体风格，都可以成为主体色。因此，自由挑选你认为最能展现自己个人风格的颜色吧！唯一需要注意的一点是，所有主体色必须是那些你知道自己穿着率会很高，并且令自己感觉非常舒服的颜色。当然了，如果你的风格轮廓非常大胆、前卫，那完全没有问题，你尽可以放手大胆地选择各种鲜红、橘红和绿松石色，把它们作为主体色。但如果你没那么大胆，解决方法也很简单，就把这些亮色用作自己的重点色，或者考虑用一些更柔和的颜色来代替（比如，可以是柔橘色和石板绿）。

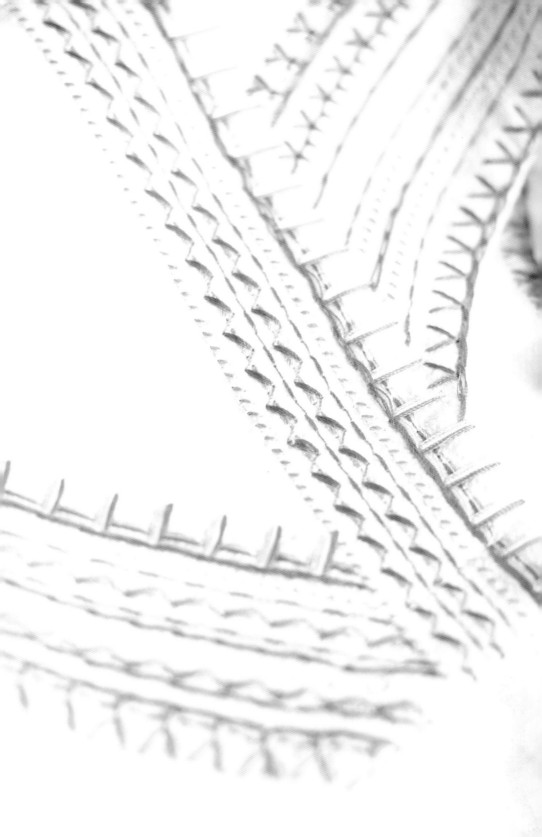

重点色

  重点色的主要作用是为你的造型增添多元趣味，让你有机会探索自己风格的更多面向。重点色尤其应该考虑用在表现型单品和配饰上，可以用来搭配主体色和中性色。

  例如，我非常喜欢的两个颜色是亮粉色和杏黄色。但我却很少想全身从头到脚都穿成亮粉或者杏黄（尽管时不时也会那么穿）。我更喜欢小面积地使用它们，比如我有一件十分美貌的亮粉色针织毛衣，还有一些粉色和杏黄色的围巾、钱包和上衣。这样，无论什么时候我把这些单品穿上身，它们都会成为整身造型的焦点，所以，我就必须确保用中性色（比如轻水洗的牛仔蓝）或主体色（白色或沙色）的单品来中和，为这些亮色的单品营造一张空白的画布。

  为了发挥各种颜色混搭的最大可能性，在选择重点色的时候，可以尝试那些与中性色搭配起来很好看的，或者至少与两种你的主体色很和谐的颜色（如果这几种重点色彼此也能搭配就更好了）。

中性色

  调色板中的中性色调用于为其他颜色提供支撑和平衡。

  举例来说，比如你想穿一件淡黄绿色的宽松直筒连衣裙，那么，你知道这条裙子将成为重点，于是用一双简洁的白色帆布鞋做搭配，让整体造型看起来不至于用力过猛。或者，白天你想穿一件宝蓝色上衣出门，可以考虑配一条颜色更中性的裤子，比如你最喜欢的那条牛仔裤，这样可以显得低调一些。

中性色最显而易见的选择有：白色、黑色、灰色、藏青和沙色，还有深浅不一的各种牛仔蓝。

但通常来说，在选定自己的主体色和重点色后再挑选中性色是个不错的主意，这样你能够看到调色板的整体效果，然后再挑选与其他色调都能协调合适的中性色。比如，如果你的调色板中已经包含了各种深浅的绿色、洋红和橘色，那么可以选择棕黄色或其他暖棕色作为其中一种中性色，这样能令整体偏暖色调的调色板更完整统一。或者，你已经选定一个以淡蓝和淡紫色为主的冷色调调色板，那么中性色可以选择中度水洗的牛仔蓝和灰色。

要是你的主体色有一两个是典型的中性色，比如黑色或灰色，那么这些颜色的单品可以身兼两职，你也不一定非要再单独挑选中性色了。当然，如果你自己喜欢也尽可以那么做。但无论如何，重点都在于你想怎样运用这些颜色。目前，我的调色板里有两种主体色（沙色和白色），它们都可以用作中性色，因此这两种颜色的单品也兼具两种用途。比如夏天，我常常穿一身白，但也会用白T恤或白色牛仔裤来平衡其他鲜亮的颜色。另一方面，对我来说，浅水洗牛仔蓝是绝对的中性色，因为我只把这个颜色的单品用来调和整体打扮或填补空缺，它永远不会成为最吸引注意力的部分。

调色板与关键性单品、基本款和表现型单品的关系

尽管上述调色板中的三种功能色可能与我们在第9章中谈到的三种单品类型会有某种程度的重叠，但它们完全不一样！你的关键性单品不仅仅可以是主体色，还可以是中性色和重点色；而基本款单品也可以是中性色、主体色，甚至重点色。

原因在于：在你的整个衣橱框架下，颜色只是决定一件单品具备什么功能的因素之一。服装的版型、面料和细节同等重要。一条中性色的连衣裙（比如黑色）很可能成为你的表现型单品，因为它非常修身、有独特的装饰点缀，或者有别的特点令其能划归"盛装"的行列。

准备好建立自己的调色板了吗？

要为调色板挑选颜色，你首先需要回顾自己的风格概况图和情绪收集板，写一份色彩列表，罗列能展现自己风格的颜色。然后，仔细审视目前的衣橱，哪些颜色你已经有了并且非常喜欢？把这些颜色加入列表之中。

接下来就是棘手的部分了：从列表中挑选出你最喜欢的颜色，将它们安排进调色板，分别对应主体色、中性色和重点色。尝试许多不同的组合直到自己找出一个可穿性强、功能齐备又能恰到好处地展现个人风格的调色板。

挑选颜色的过程中，让自己回答以下问题：

- 我想让这个颜色扮演多重要的角色？
- 我想怎么运用这个颜色，是作为整体造型的焦点，作其他颜色的背景还是作为小面积的重点？
- 这种颜色能令我充满自信吗？
- 这个颜色与调色板中的其他颜色是否和谐？

这个颜色与调色板中的其他颜色是否和谐？

通常，我建议总共选择9种颜色（其中3个主体色，4个重点色和2个中性色），不过当然了，你也可以随意调整这个数字。比如，如果你的整体造型是极简主义或以黑白为主的，那么你可能需要的是不超过2个主体色、1个中性色和3个重点色。另一方面，如果你喜欢丰富多彩，也大可选择12个颜色，但千万别太多！记住：调色板里没有的颜色，并不代表你永远都不能穿。你的调色板只应该是一个帮助你建立更和谐衣橱的向导。因此，保持调色板尽可能简洁，只关注对你的个人风格真正重要的颜色。

如何使用调色板

从零开始，重建衣橱

你可以把调色板用作一幅蓝图，指导自己重塑一个既能展现个人风格又非常易于混搭的衣橱。下面我们快速介绍一下这个做法（在第13章里你还将详细学到如何彻底改造衣橱）：首先，你需要确定现有的衣橱中还缺少哪些颜色，缺多少（本书第149页有针对这点的辅助练习）。然后，写下一份彻底改造衣橱的购物清单，这时你应该能具体计算出每种颜色还缺多少件单品，优先次序如何。永远优先考虑购买主体色单品，因为主体色对能否完美展现个人风格的影响最大。

确保新单品能融入衣橱

建立起一系列能体现调色板的核心单品之后，外出购物时，你便能把调色板的用途调整为一份原初指南。你没有必要完全严格按照调色板的颜色选择服饰，只需保证新购入的单品至少能与调色板中的几个颜色协调就行，这样你就知道自己有哪些单品可与之搭配。

下一步：依据调色板量身调整现有的衣橱

选定一个功能齐备的调色板之后，你就可以将其与目前衣橱中的服饰作对比。对应每种颜色，你已经拥有多少件该色的单品？在风格档案中快速记录下你的发现。下面这个例子可供参考：

我的主体色是黑色和藏青。我已经有很多符合主体色的单品了，但这两种颜色与我的调色板中的第三种主体色——蓝绿色的差别过大。我还根据两种中性色整理了相应的单品（这两种中性色是深水洗牛仔蓝和炭黑）。至于重点色，我有几件熏衣草紫的单品，但还远远不够。另外三个重点色（薄荷绿、红色和浅蓝）却一件都没有。总而言之：我需要很多蓝绿色的单品，其他几个重点色的各几件，还可以再多一到两件熏衣草紫的单品。

你可以用上述笔记写一份购物清单，接下来在第179页彻底改造衣橱中会用得上。

左侧图片中，露西亚身着她选定的两种主色——蜜桃红和浅蓝，用白色这一中性色的基本款作为搭配。

调色板的几种示例

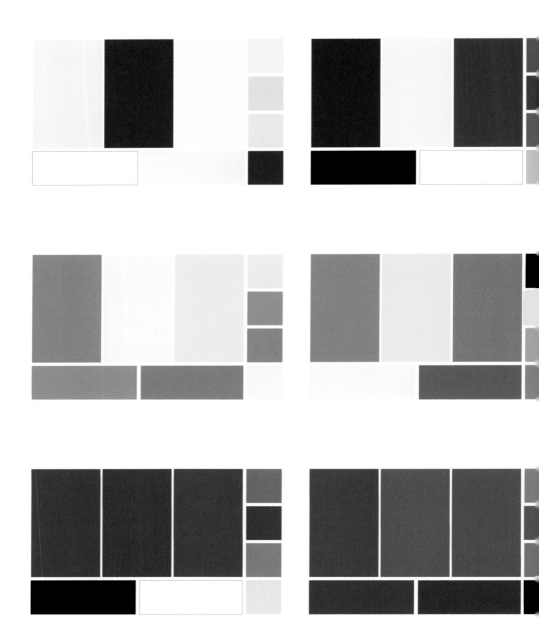

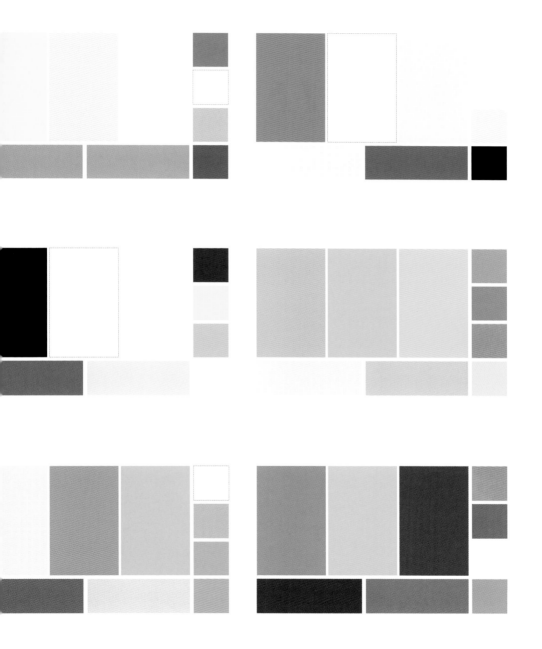

11 / 研究穿搭法则

升级你的衣橱，简化晨间的例行公事！另外，学习保证你再不会无衣可穿的小秘诀。

为打造一个可混搭、多功能的衣橱，研究穿搭法则是我最喜欢的技巧之一（也是可用来指导重塑自己理想衣橱的第三个策略）。

什么是穿搭法则？穿搭法则可以看作一份特定物品组合的"配方表"，可让你自由选择很多不同版本。如果你喜欢，也可以把穿搭法则视为一套制服。假如你对拥有一套制服这个主意很感兴趣，那么你就有了几位很棒的小伙伴——我们这个时代最著名的几位时尚偶像，他们都在一遍遍地重复属于自己版本的制服，从美国版《VOGUE》的主编安娜·温图尔（太阳镜、印花及膝半身裙、高跟鞋配粗项链）到时尚设计师卡尔·拉格斐（黑色修身休闲裤、黑色西服外套、高领白衬衫配领带、手套）。下面有两个例子：

● 喇叭牛仔裤+简单的吊带背心+羊毛开衫+平底凉鞋

● 铅笔半身裙+针织毛衣+外套+高跟鞋

这个理念的主旨在于选择几套穿搭法则，既能体现你的风格，又能让你倍感自信，然后，通过精心策划，选择各式单品，对应法则中的每种"原料"相互混搭。比如：你的一套穿搭法则是A字迷你裙+前开襟衬衫+易穿脱的凉拖，那么你可以往衣橱里储备两条A字半身裙、三件前开襟衬衫和两双凉拖，它们各不相同，但在颜色、图案和面料上却可以融合混搭。

总共只有7件单品，却能为你提供12种不同的穿搭选择！而这还仅仅只是一套穿搭法则能做的事儿。想象一下，要是你的衣橱里挂满三套穿搭法则的单品呢？那你将拥有三倍于12种不同造型的搭配组合可选啦，同时还能将它们彼此混合，用配饰将其品味风格提升一个层次……啊哈！于是你就拥有了一个装满各种穿搭选项的、完全贴合自己个人风格的衣橱。

当然啦，并不是衣橱里的所有东西都必须满足某一项法则。穿搭法则可以被想象成你的"风格主食"，你既可以将其作为一份配方表照着做；也可以修改调整加入"辅料"，与衣橱中的其他物件混合在一起，或许可以增加一个层次来件夹克，然后用配饰、发型和妆容为其做最后修饰。

如何为你的风格筛选穿搭法则

在你的风格档案里完成以下三个步骤！

第一步：寻找已经穿上身的穿搭法则

即便你之前从未听说过这个概念，但是，此刻你很可能已经在轮流实践至少1—2套穿搭法则了。你是否更倾向于用各种休闲裤或斜纹棉布裤搭配宽松款衬衫，再配上一双芭蕾鞋？这正是你的穿搭法则！还有你穿出街的迷你半身裙+踝靴+外套组合？又是另一个！

回顾第2章里你记录下的过去两周的装扮，把重复出现至少三次的组合罗列出来。接下来，花点时间想想为什么自己总穿成那样，把所有不能成为好理由的原因划掉。能称之为"好理由"的包括令你感到自信，这么穿超级舒服，或者你就是喜欢这么穿的样子。重复穿着同一套法则的装扮是由于你陷入了相同的路子，想要掩饰什么，或是想不到其他可选项。然而，这些都不是什么好理由。

第二步：找出能展现你的理想风格的穿搭法则

如同你的衣橱里的方方面面，归根结底，穿搭法则也应该能体现你的个人风格。因此，当你完成上一步，列出所有已经实践的穿搭法则以后，用几分钟浏览一下风格档案和情绪收集板，找出哪些穿搭法则最能展现你心向往之的整体造型。就其本质而言，穿搭法则就是一组不同版型服饰的特定组合，所以你需要格外关注任何灵感素材收集中有关剪裁和版型的部分，以及在实地试穿中总结的喜欢怎样的合体程度的所有信息。把筛选出最喜欢的部分加入已经实践的和喜欢的穿搭法则清单。

第三步：从最喜欢的穿搭法则入手

在清单里的诸多竞争选手中挑选2—4套穿搭法则，标准有二：（1）从版型方面考虑，你觉得哪些最能展现你的个人风格；（2）穿上它能让你自信心爆棚，并且超级舒适。如果你的工作要求必须穿各种类型的衣服的话，可以把所有衣服拆分，选出两套工作场合的法则、两套晚间和周末的法则。就目前来说，只挑选你绝对喜欢的东西即可，往后可再根据需要不断增加。

完成属于你的穿搭法则

要整理出完整的穿搭法则，首先需要回顾你的衣橱，挑出所有能用作"原料"的东西。接下来，审视现状，确定最需要填补的空白是什么。

通常来说，首先为所有"原料"确定至少两个不同版本的组合会是个好主意，这样的话，你就能尽早开始混搭试穿。一旦完成对这两个法则中所有"原料"的精挑细选，接下来就能慢慢往里面添加自己想要的东西，只要预算允许的话。

当涉及到挑选单品的时候，目标瞄准多样性！比如你需要五件吊带背心，千万别随手抓一堆深浅不一的灰色背心就算完事儿。如果五件基本款里有一两件是中性色，那么其他几件就必须属于关键性或表现型单品，可以从各种领形、样式图案和细节上来满足这个要求。在这一步，你的目标是让每一小组"原料"尽可能包括最多样的选择范围。通过这个步骤，尽管使用的单品数量很少，你仍得以展现出个人风格的更多不同面向。

又该写另一份清单列表啦！对每一个选定的穿搭法则，迅速罗列你已经拥有的所有"原料"都是哪些单品。然后，考虑每种"原料"里还差多少件单品。不用思考太多，第一个出现在你脑海中的念头是什么，就把其中想买的单品类型写下来即可。一旦你进入第13章，准备开始衣橱大改造，试图决定哪些单品该加入购物清单的时候，你将会对这些信息信手拈来。

下面是一个适用于气候温暖宜人地区的示例：

穿搭法则1
紧身牛仔裤+短款上衣+平底凉鞋
穿搭法则2
超短裙+超大款开襟衬衫（加一条腰带）+运动鞋

紧身牛仔裤

浅色水洗九分牛仔裤

白色高腰牛仔裤

平底凉鞋

棕黄色绒面皮凉拖

深棕色流苏凉鞋

超短裙

奶油色印花裙

浅灰色溜冰裙

■ 缺此类单品

短款上衣

蕾丝点缀的象牙色短上衣

带刺绣图案的琥珀色短上衣

棕黄色麂皮半身裙，正面竖排扣子作为装饰

超大款开襟衬衫

牛仔衬衣

白色蕾丝衬衣

苔藓绿或蓝绿色衬衣

运动鞋

白色高帮运动鞋

灰色低帮帆布鞋

衣橱改造工程进阶版：如何避免洗涤瓶颈

我成为"穿搭法则"这一概念的忠实粉丝的另一个原因，是它能通过避免你遭遇洗涤瓶颈将衣橱的使用率最大化。

对旅行装备而言，需同时考虑穿搭法则和清洗频率。简单挑选一到两套穿搭法则，每套法则随意准备几件相应的单品，塞进旅行箱，你就可以准备出发啦。

因为事实上，我们常常觉得没衣服可穿的原因几乎不是真正意义上的没有干净衣服可选，而是由于我们缺少某个特定的元素，通常可能是内搭或者上衣，也可能是任何比半身裙或夹克易于清洗的单品。

解决方案很简单：保证自己衣橱里有比较多的此类单品即可。另外，如果你想更精确计算出这个数字的话，可以使用信息一应俱全的穿搭法则来计算出到底还需要多少件！

比方说，你的穿搭法则是牛仔裤+T恤+羊毛开衫，非常简单的搭配。对于法则中的每个元素，先确定在其必须清洗之前可以穿多少次。

比如：

T恤：1次

牛仔裤：4次

羊毛开衫：4次

这就意味着要是你想在大洗的日子到来之前把这一套法则穿四遍，那么你完全可以穿同一条牛仔裤和羊毛开衫，可是需要4件T恤。

其实，也不必精确到如此地步，但在考虑衣橱储备的时候，脑子里随时提醒自己清洗频率这一点是件好事儿。一件单品越需要频繁清洗，衣橱里就需要多备一些不同款式的此类单品。反之亦然。

两周穿搭样板计划

为了用一个切实的案例向你展示如何将穿搭法则活学活用，下面以两周的装扮为例。所有搭配组合都仅仅出自这两套法则，每套法则中包含2—3件单品。

穿搭法则1

及膝半身裙+针织毛衣+外套+鞋

穿搭法则2

直筒裤+超大款衬衫+夹克+平底鞋

3条及膝半裙

黑色皮裙

驼色螺纹针织铅笔裙

有印花图案的藏青色A字形半身裙

3件针织毛衣

酒红色条纹针织毛衣

香槟色亮片毛衣

黑色修身高领毛衣

2件外套

棕黄色风衣外套

藏青色羊毛外套

2双鞋

宝石红帆布鞋

黑色10厘米高跟踝靴

2条直筒裤

深色水洗牛仔裤

黑色吸烟裤

3件超大款衬衫

酒红-黑色格子衬衫

橄榄绿亚麻衬衫

白色真丝衬衫

2件夹克

黑色廓型西装外套

卡其色派克大衣

2双平底鞋

豹纹平底鞋

黑色系带平底鞋

周一

有印花图案的藏青色A字形半身裙

黑色修身高领毛衣

棕黄色风衣外套

黑色10厘米高跟踝靴

周二

黑色皮裙

酒红色条纹针织毛衣

藏青色羊毛外套

黑色10厘米高跟踝靴

周三

黑色吸烟裤

酒红-黑色格子衬衫

黑色廓型西装外套

黑色系带平底鞋

周四 法则间混搭！

驼色螺纹针织铅笔裙

橄榄绿亚麻衬衫

棕黄色风衣外套

豹纹平底鞋

周五 法则间混搭！

深色水洗牛仔裤

白色真丝衬衫

卡其色派克大衣

宝石红帆布鞋

周一

黑色吸烟裤

橄榄绿亚麻衬衫

卡其色派克大衣

豹纹平底鞋

周二 法则间混搭！

有印花图案的藏青色A字形半身裙

白色真丝衬衫

黑色廓型西装外套

黑色系带平底鞋

周三

驼色螺纹针织铅笔裙

黑色修身高领毛衣

棕黄色风衣外套

黑色10厘米高跟踝靴

周四

深色水洗牛仔裤

酒红-黑色格子衬衫

卡其色派克大衣

黑色系带平底鞋

周五 法则间混搭！

黑色吸烟裤

香槟色亮片毛衣

黑色廓型西装外套

宝石红帆布鞋

周六

有印花图案的藏青色A字形半身裙

酒红色条纹针织毛衣

藏青色羊毛外套

黑色10厘米高跟踝靴

周日 法则间混搭！

黑色皮裙

香槟色亮片毛衣

藏青色羊毛外套

黑色系带平底鞋

周六

黑色皮裙

黑色修身高领毛衣

棕黄色风衣外套

宝石红帆布鞋

周日

深色水洗牛仔裤

橄榄绿亚麻衬衫

卡其色派克大衣

豹纹平底鞋

12

商务时间：
调整衣橱，驰骋职场

为职场专门策划一个衣橱，让你看起来与感觉到的同样专业、自信，轻松搞定每一个工作日。

无论你是就职于一家大型律师事务所，还是供职于一家小型非营利性组织，或者在家办公，有一系列好看又得体的职业装很重要，不仅仅是因为这些装束能让你看起来好看，更由于它们能令你更加自信。

如果你认真完成了前面几个章节的练习，那么现在，你应该已经对自己理想衣橱的整体感觉有了很好的认知。在这章里，我将额外提供一些小提示和技巧，能让衣橱在你的职场生活中最大限度地发挥作用。

毫无疑问，你的理想职业装很大程度上取决于工作环境的着装规范，因此，我的穿搭建议将基于这三种情况：在公司办公、简洁又略带时髦的便装职场以及在家办公（比如你是一名学生、自由撰稿人或自主创业）。

首先，让我们快速回顾一番理想的职场衣橱应该满足的一些标准：

- 无论是看起来还是自我感觉都专业又训练有素，能信心满满地应对演讲、会议和与老板面谈。
- 百分百舒适、实用，使你能专注于工作，不会被嵌入皮肤的肩带或不断往上缩的裙子分散注意力。
- 尊重公司的着装要求（无论是口头的还是成文的）和企业文化，但同时能体现你自己的个人风格。

在公司办公

这类职业人士绝大部分就职于中型或大型的企业组织、律师事务所和金融行业。而你的基本着装策略是建立一个独立的胶囊衣橱，专门用于应对职场（第192页有关于胶囊衣橱的详细内容）。

区分开职场衣橱和日常衣橱

先抛开你的个人风格不谈，如果你的工作场合有非常严格的职业着装规范，那我建议你建立一个彻底独立的职场衣橱。这种"双衣橱"模式不仅能简化工作着装的选择，还意味着你在休闲时间可以尽情表现个人风格，而不会陷入拥有一堆适合工作却只能展现部分个人风格的衣橱的境地。

为职场着装定制一份小型风格概况图

为便于为职场胶囊衣橱提供指南，你需要花一些时间，整理制定一份专属职场的独立小型风格概况图，能同时体现公司的着装要求和你自己的风格。如果对你而言，公司着装制度完全等同于乏味、单调，那么你可能需要往概况图里加入一些新的灵感素材。

开始第一步，仔细研究办公室的同事，看看他们怎么穿。你可以如何打破着装规范增添新花样，并将哪些细节融入自己的装扮？如果办公室里没有任何时髦有型的人，那就广撒网！我最喜欢的职业着装的灵感来源是电视剧，因为电视剧里的角色常常穿得超级时髦又实用，因而具备可复制的特点。当你收集到一些素材，决定工作着装的整体感觉后，用第96页的系列提问来完成你的"职场时间"小型风格概况图。

打造一个专属职场的胶囊衣橱

在对工作衣橱的造型有了整体认识之后，你就可以开始重点寻找几件功能性强、品质高的关键性单品，让你的整体衣橱协调一致。可以考虑剪裁精细的裤子、裙子、几件西服外套，以及几双舒服（这点很重要！）的鞋。鉴于可选的单品种类，你在这里可能会受到或多或少的限制，把重点放在细节上，比如面料、颜色以及是否合体。

与其翻出那些陈旧的黑色西服上衣，不如把目标锁定搜寻一件最适合你的版型、使用高品质面料并能很好地修饰身材的外套。接下来，寻找一系列款式和颜色各式各样的上衣（比如衬衫、针织毛衣和开衫），可搭配已有的并符合个人风格的关键性单品。关键性单品和各式上衣能为你的职场胶囊衣橱锦上添花，因此，你可能会想把工作置装费的绝大部分都花在这两类服装上。然后，你还可以通过添加配饰和表现型单品，让胶囊衣橱里的职业装焕然一新，而这两类单品则部分甚或全部来自你的日常衣橱。如果挑选得当，二十件单品就能满足你的全部所需（例如：三件西服外套、三条裤子、三条半身裙、八件上衣和三双鞋）。

用配饰和细节增添个人色彩

配饰、简单的小玩意儿、造型上的微调，都是打破沉闷的公司着装规范，为你的职场装束注入些许个人色彩的最佳方式。把日常衣橱翻一遍，找找能为工作装增色添彩和有深度的单品，依据你的个人风格，适当佩戴一件精致的珠宝、一条吸引眼球的项链、一条腰带、一副眼镜、一只不错的手表、涂上鲜艳的指甲油，或者在中性色上装里叠穿一件鲜亮的重点色单品。如果还需要更多好点子，你可以回过头，参考之前制定的职场着装风格概况图和收集到的灵感元素。

简洁又时髦的便装职场

这类职场包括初创和小微企业，以及创业产业和学术研究机构。这种场合着装的基本策略最好是精选一系列较为正式的关键性单品来搭配日常服装。

分析同事的风格

如果你的工作场合不存在传统意义上的着装规范，那么显然，涉及工作装束的时候你便拥有了更多自由。另一方面，有时候即便没有正式说明的着装规范，大多数公司仍存在一些潜在的、无需言说的规则和指导原则，每名员工都会遵守。但作为一个新人，弄明白这些对你而言可能会很棘手。因此，面试过后或第一天上班时，最好仔细环顾周围的同事，看看他们如何穿着。

到底是真的没有任何着装规范，大家都穿着拖鞋和随意的T恤走来走去？还是大家似乎在遵循着某种典型的简洁又时髦的休闲打扮？

从根本上说，简洁时髦的便装打扮表示不要求正式的套装，但你仍需看上去精致得体，要避免穿着一些最基本的"办公室不宜"的衣服，比如无肩上衣和抹胸连衣裙、露背装或连衣裙、超低领上装、超短裤和拖鞋。

检视你的衣橱

对于一个全日制工作、工作环境崇尚简洁又时髦的休闲装扮的人来说，我通常建议把衣橱分为三个部分：

● 部分1：身兼两职的单品，既能穿去工作，又能私下穿着。

● 部分2：休息时间的单品，不适合穿去职场，仅限于周末和夜晚的约会。

● 部分3：稍微正式的附加单品，是你特意为工作场合购买的，用于搭配部分1里的单品。

为了建立起自己衣橱的三部分结构，你需要检视自己的衣橱，挑出所有能穿去办公的服装。它们很可能包括所有基本款上衣、衬衫、剪裁精良的裤子、半身裙和连衣裙（长度、颜色和面料都比较合适）。这些都是你的两用单品，它们能与衣橱中的其他所有服装搭配，打扮起来便能赶赴傍晚和周末的约会，要是配上比较正式的服装则能够出席工作场合。

为职场购置几件附加单品

确定自己的两用单品以后，你需要着手对这堆衣服进行分析，弄清自己可能还需要添置（1）任何填补空白的单品；（2）为已有的服装加入一些小心机。脑子里要始终从更大的宏观角度来考虑：下装（裤子、半身裙和连衣裙）、鞋、夹克和上衣。如果你的个人风格已经与"简洁又时髦的便装"非常相似，那么，你需要的可能只是另一件简洁时髦的西装外套、几双牛津鞋和一些好看的衬衫。

即便你的工作场合的着装规范就是简洁时髦休闲范儿，手边时刻准备至少一或两套传统意义上的职业套装也不失为一个好主意。你可以用传统职业装应对某些特殊场合，比如与投资人面谈或出席正式会议。那么，你可能会需要一件西装外套，一条与之相搭配的裤子或半身裙，几双好看的鞋，以及一到两条衬衫裙。

在家办公

这类职业包括自由撰稿人、学生和企业家。如果你恰好属于"不需要一回家便要立马更换舒适衣服"的那类人，大可以跳过这部分，因为你只需照旧穿着白天上班时的衣服就好。其他不属于这个类型的朋友需要注意：一定要考虑往衣橱里添置一些舒适的衣物，它们能令你恢复元气，再度准备好工作。

承认这个事实——你的职场衣橱也理应得到关注

没错，你的确可以一整天随便穿什么都行，甚至穿着睡衣在电话里搞定客户，如果你是一名学生、自由撰稿人或企业家，你完全有权那么做。但是，不出门见人并不代表你的"职场衣橱"不重要。要是你翻回前一页，看看一个好的职场衣橱应该满足的三个条件，会发现其中两项都适用于你：你想要衣服令自己既充满自信又显得专业，还需要它们又舒适又实用。

而最重要的是，你想要自己的衣服能将你带入正确的工作思维模式。对我来说，当自己像其他必须到办公室、与同事交流的上班族一样，每天定时起床、沐浴、做准备、穿衣打扮，然后端坐在办公桌前再开始工作总会容易很多。类似这样的仪式非常重要，因为日复一日，经过一遍遍的操作实践，一旦你完成这些仪式，它们就把你的大脑编程设定为进入工作模式。假如你是自己的老板，你会需要自己创造这一套仪式，而衣服正是仪式的重要部分。

投资舒适的衣服

你的在家办公服不一定非得花哨美艳，但却必须令你感到精致、完整、恢复生气。可以考虑既舒服又好看的T恤、长款开衫、舒适的裤子、宽松的衬衫，或任何你觉得最为舒服又展现风格的衣物，它们能让你体现最真实的自己。

手边准备几件职业套装

即便你在家办公，也还是很可能要偶尔出门面见客户，处理工作相关的事情。所以，确保自己衣橱里摆挂几件比较正式的服装，以备特殊场合之需。看看自己的行事历，估计一个月里用到职业装的频率有多大，然后组建一系列为数不多的可混搭单品，比如一件简单的西装外套、几双高跟鞋和几件好看的衬衫。

通读本章之后，问问自己：你对自己目前穿去工作的服装是否满意？你想对衣橱进行哪些改造？对工作而言，还有哪些单品能让你把衣橱的用途最大化？

13/

对衣橱来个
彻底大改造:
步骤指导图

无论是从头到脚彻底翻新，还是小小的升级，在这章里你可以找到改造衣橱过程中你需要知道的一切，包括怎样把粗略的想法变成切实、具体的购物清单，先买什么，怎样买才不会让自己负担过重。

好了，现在你肯定已经界定了自己的个人风格，也弄明白了自己的梦想衣橱是什么样。是时候把梦想变为现实啦！在这一章，我会带领你一步步改造你的衣橱，探讨最关键的"要做的"和"不能做的"。

剧透警告！归根到底，要做的就是两件事儿：慢慢来和划分优先顺序。换句话说，千万别一口气把所有东西都买回家！我知道这很难，尤其当你目前的衣橱看上去与梦想中的衣橱根本不沾边的时候。但这点至关重要。想打造一个完美的衣橱（甚或只是想让衣橱比现有的更好一些）可是个长期的项目。你需要时间，一件一件，形成自己的新风格，给自己真正把事情想清楚的机会。而且，除非你的预算无上限（可有谁是这样呢？），简单说来，你还需要时间攒钱，之后才能在保证品质的前提下买下所有需要的东西。

但好消息也是有的：虽说打造一个完美的衣橱可能要花上一阵子，但这并不意味着你必须等到一切完成的时候才能开始穿出自己的风格。这里就涉及到划分优先顺序了。

相较而言，你的理想衣橱中的某些单品会对你个人风格的表现力产生更大影响，比方说，一件非常棒的西服外套，能成为你的风格标志的同时还能很百搭；或是一双可以身兼数职的鞋，由于恰好是你的主体色之一，因而填补了衣橱里的明显空白。这里的小诀窍是先锁定这类单品，并将它们列为首要购买对象。这样的话，不管你的预算是多是少，所花的每一块钱都将对衣橱产生最大可能的、立竿见影的效果。

彻底翻新四步曲

第一步：对所有需要购置的东西有完整的认识

如果你的衣橱需要的是一次彻底大改造，现在你可能会感觉既兴奋又负担。兴奋来自于对完美衣橱最终呈现效果产生的期待，负担则来源于你知道自己的衣橱还有一堆工作要做，却还不知道从哪儿入手。

克服负担感的第一步是对所有要购置的东西有完整的认识。因此，翻阅你的风格档案，把之前几章写下的笔记重新整理写在一张纸上，内容包括以下信息：

- 衣橱里最大的空缺（来自第7章，衣橱排毒：完成指南，第102页）

- 你的生活方式中有哪些尚未完全被展示的领域（来自第8章，如何打造适合日常生活（不是幻想中的生活）的衣橱，第114页）

- 缺少的关键性单品、基本款和表现型单品（来自第9章，衣橱布局，第124页）

- 调色板中缺少的颜色（来自第10章，筛选出一个多功能调色板，第136页）
- 制定穿搭法则所需的单品（来自第11章，研究穿搭法则，第152页）
- 工作中需要的任何单品（来自第12章，商务时间：调整衣橱，驰骋职场，第164页）

第二步：变模糊概念为具体单品

到这一步，你之前的笔记很可能已经混杂了比如"酒红色棒球夹克"的各式具体单品，以及如"周五休闲时穿的衣服"、"一件藏青色的衣服"这样模糊的概念性描述。

接下来你的目标是尽可能多地把那些模糊性描述落实为具体单品，这样最后才能有一张精确的购物清单。

举个例子，假如你在衣橱大扫除过程中发现，非常合体的裤子严重短缺，那么尝试细化裤子的具体类型会格外有用，尽可能多地确认细节，并同时顾及到截至目前你发现的关于个人风格和梦想衣橱的一切。要同时考虑颜色、面料、图案样式、版型、细节，以及你还需要多少条新裤子。

还有，只要有可能，就看看自己是否能想到同时满足清单中多项特质的单品。比如，你的笔记中写道"更多职业装""超短裙""羽灰色"，那么备选的一件单品则可以是一条羽灰色的超短裙，足够简洁时髦，还能穿去上班。或者，你清楚自己还需几件周末穿的休闲上衣，同时还要红色、白色和黑色的单品，那么就把"红色休闲上衣""黑色休闲上衣"和"白色休闲上衣"写入清单。

随着梳理的进程简化清单。例如，假如在随后阶段中你能明确，自己想要的是一件"炭灰色西装外套"和一件"藏青色西装外套"，那么就轻松地把"更多西装外套"这一项划掉吧。

但如果你没法儿给笔记中的某些关键点——对应具体单品，或者无法决定自己想要的"浅粉色的衣物"到底是上衣、连衣裙还是鞋的话，也没关系。就简单写下"多一件浅粉色的物件（上衣、连衣裙或鞋）"，然后继续便可。

第三步：依据优先次序排列清单

为确定优先购买顺序，你可以把清单里的物品分组（分为高、中、低的优先购买次序，令其超级简便）或者划分等级。

要排列单品，可以问问自己以下几个问题：

1.对于我打造出能表现风格的造型，这件单品的影响力有多大？把能真正标志着你的个人风格，以及能用多种方式穿搭多种造型的单品列为最高优先级：

● 关键性单品（优先于基本款和表现型单品）

● 主体色单品（优先于重点色、中性色或不属于调色板里的任何一种颜色的单品）

● 属于某一穿搭法则的单品（优先于不属于任何穿搭法则的单品）

2.这件单品将填补多大的空白？相比与已有服饰相似的单品，填补大空白的单品的优先等级更高。

● 目前在衣橱中凤毛麟角，却适于参加活动、出席场合的单品

● 这件单品的颜色是衣橱中没有的（优先于衣橱中已有好几件同样颜色的单品）

● 你没有的或只有一件的穿搭法则"原料"（优先于已有很多件的单品）

我需要买什么

下面这个例子是完成以上三步以后你的购物清单可能呈现的样子。

优先等级——高
冬天穿的驼色长款大衣
深色水洗直筒牛仔裤
黑色凉拖 —————→ 工作中穿着
浅灰色基本款毛衣

优先等级——中
白色连身裤
格纹衬衫
白天用的包（斜挎包）
工作中穿的炭灰色西装外套
工作中穿的两件上衣
中长半身裙
   —————→ 必须是羊毛或粗花呢这类厚实的面料

优先等级——低
黑色贝雷帽
一到两条舒适的裤子，在家休闲时穿
另一个手拿包　（趣味十足的表现型单品！）
新网球短裤
黑色厚底靴
红色开衫或轻型夹克

第四步：一次一件，翻新衣橱

把这份优先等级次序清单想象成你的个人购物指南。从最高等级开始，找到一件最好的。然后，顺着清单列表依次往下，速度快慢取决于你的预算多少。

但要记住：你的这份购物清单可不是板上钉钉的。随着对自己的风格有更深入的认识，你大可以自由往里添加更多样式的单品，删除不需要的，或重新调整优先次序。

三个最该避免的改造错误

错误1：为一个低廉的价格向品质妥协

如果你的衣橱还剩很多工作要做，很可能在某个时候，你会有种豁出去的冲动，出门买一大堆马马虎虎、但价格能负担得起的单品，让自己有更多选择可穿。千万别这么做！一定要记住，你的目标是一个高品质的衣橱，内装衣物在今后的几年中都持久耐穿又非常喜爱。对一件衣服是否很修身、面料是否舒适这样关键的问题妥协，明知自己买的不能持久或最终会将其替换掉，却仍将其买回家，那么你又直接跳进了自己一直努力试图冲破的恶性循环之中。

> 要是预算紧张，你更有理由好好利用这笔钱了，别浪费在太多并不完美的东西上。

为自己设定一项任务，为清单上的每一件单品都找出一个高品质版本。不过，这并不意味着买的所有东西都必须很贵（在第250—251页有更多物品质量和价格关系张力的内容）。但对一些价格相对高昂的大件衣物来说，如一件不错的皮夹克或冬天穿的外套，很可能这个月甚至这一季只能买一件。这没有关系，因为加以时日，你最终将拥有不少经过精挑细选的高品质单品，往后很多年都能重复穿。

错误2：一次性买够整个新衣橱

假若你想让衣橱彻底焕然一新（比如说是从以前标准的牛仔裤-T恤组合迈向更新潮迷人的时髦打扮），似乎有个好办法，那就是像灰姑娘一样，瞬间给自己买满满一柜子的新衣服。

可这么做却会暗藏危险，与任何过度改造一样，你会匆忙进行，无暇把事情仔细捋清楚，结果自然是衣橱里塞满了你以为自己会喜欢的东西，实际上穿戴起来并不像自己。

原因在于，即便你花很多时间重新界定属于自己的新风格，在实地试穿阶段费尽心血，仍永远无法百分之百地精准预测在现实生活中完全颠覆以往穿戴时产生的感觉。而这也正是为什么你越想彻底变革衣橱的整体美学风格，越应该慢下来、循序渐进，每件新衣服都给了你一个重新校准自己整体风格走向的机会。

所以，在改造衣橱的过程中，一步一步慢慢来，一件一件地买回家，这也是给自己充裕的时间从心理上适应新造型，将其与自身融合在一起。因为强行改造的第二个主要风险在于你可能会感觉不像自己，就像在穿一套戏服一样。

这种可能性的寓意是彻底翻新衣橱并没有什么不对，但请一定要循序渐进。先购置一件属于新风格的单品，与衣橱里其他衣服搭配穿一段时间，看看自己感受如何。然后再添置一件新的，以此类推。

错误3：在生活方式发生重大转变之前才添置一堆新衣服

这个错误与错误2息息相关，但需要专门提出来讲，因为实在是太普遍了！

换了份新工作、迎接新生命的诞生、搬去一个陌生的城市——如果你的生活即将迎来某项重大改变，你会希望自己做好充分的准备，因而提前往衣橱里储备许多新衣物，这再自然不过，也完全没问题。但如果仅仅在生活方式的重大转变发生之前才匆忙在服装上支出大笔开销，这主意可不太好，尤其是当你想把这次转变当作改造自我形象的契机的时候。

我搬到伦敦读研究生之前，曾一下子买了至少五双高跟鞋。虽然整个大学在校期间，我穿高跟鞋的频率总共加起来不超过三次，但当时我想："伦敦可是时尚之都，我现在终于有机会步入时尚行列了！"猜猜后来发生了什么？我最终选择在eBay上把五双高跟鞋全卖了，因为我根本就是个喜欢穿平底鞋的女孩儿啊，即便身处时尚日新月异的伦敦。

每个人都会预设某种生活方式的样貌，但是，除非你亲自置身其中，否则压根不可能准确预测到自己的感受，也不会知道那种生活氛围如何，周围的人是什么样，自然结果就是，你也并不知道自己想穿成什么样。

如果你已经生了宝宝，整个孕期都靠及地长裙和开衫度过，那么在第二胎怀孕期间，大可放手把同类型的单品塞满衣橱。但假如你即将搬到纽约，此前却从未在大都市生活过的话，比较明智的选择是在大手笔花钱之前先缓一缓，等过几个星期，先弄明白新生活到底什么样，然后，再重复本书第118页开始的生活方式分析，把分析结论用作改造衣橱的基准线。

怎样应对购买负担

"我爱时尚，但我讨厌买衣服。"听上去像是悖论，实际却是相当普遍的感觉。

实在是因为购物时有太多选择，再加上身处公共场合（可解读为：带来更多压力），很容易让你积蓄起巨大而强烈的选择焦虑。如果你购物时容易感到紧张、尴尬或焦虑，已经严重到妨碍你做出最佳选择甚至根本无法购买任何新衣服的地步，这部分就是为你而设。但如果你是一个超级购物狂，除了逛街购物，想不到其他打发周六午后时光的事，大可跳过这页。

三条基本原则

- 别在下班高峰期逛街购物。对许多人来说，购物成为充满压力的体验的重要原因之一就是被众人围绕，这会给人带来额外的社会压力，让应激激素飙升，人越多意味着压力越大。因此避免在环境恶劣的繁忙时段外出购物（这类时段包括傍晚、中午和周末下午）。工作日的上午到中午通常来说是最安静的时候。但如果你是朝九晚五的工作，可以试试在周末的早间外出逛街。

- 别在疲劳、悲伤或任何感觉不好的时候逛街。外出购物时穿上最喜欢的衣服，外加一双能提升自信的靴子。

- 穿着舒适的服装，易于穿脱。

网上购物！

　　规避购买压力最简便的办法就是网上购物。采取这种方式，你可以尽情泡在网上浏览、对比各种商品，甚至还能看看下单的衣服与衣橱里的其他服装是否搭配。另外，比起标准试衣间里的刺眼灯光，家里的灯光往往要更柔和、更衬人。

　　但当然啦，网上购物也不总是个更实际的选择。有时候，当你想试穿多个品牌的多种款式、不确定哪个尺码合适，或者不想处理退换货的麻烦时，去实体店反而更快捷，能省却不少烦恼。下面是三个简单易行的技巧，有助于你消除上述购物时产生的巨大压力。

亲自上街购物时的舒压小提示

提示1：先设定小目标

　　当我们倍感压力的时候，通常是由于（1）手边的任务似乎太难；或者（2）任务不明确。这正是为什么，作为一名"购物紧张症患者"，你最大的胜算在于首先让整个购物体验尽可能地轻松又万无一失。别逼自己一次性逛三个小时的街，取而代之的是，选择一两家真正想逛的店，并预先想好重点搜寻什么类型的服装。

　　比方说，在A店和B店试穿前开襟衬衫，搜寻合适的墨镜；或是在X店里找出五件不同颜色的毛衣试穿。让逛街计划非常具体明确、可操作性强，其他的都暂时忽略。完成以后，接下来再设定另一个小目标，如此反复。

提示2：进店前先把可能买的东西研究一番

大家有没有听过"选择的悖论"这一名词？这个术语由心理学家巴里·斯瓦茨（Barry Schwartz）提出，用于描述我们作为消费者的一种典型心理特征，即当有更多选则的时候，我们往往对选择产生更多焦虑，满意度更低。

现如今，绝大多数店铺都会展示海量单品，从而成为购买者焦虑的主要来源。如果你在店里已经感受到焦虑的话，就需要找到一个可以人为解决的办法。

最简单的办法就是提前花点时间上网，浏览在考虑范围内的品牌的网店，挑出几件打算试穿的。这样，逛街时你便能直奔目标，排除其他干扰。

提示3：推迟购买决定直至回家

买还是不买：涉及到做决定的事儿，有些人会顿时压力倍增，干脆扔下东西走人；还有更糟的，甚至胡乱抓起当时在手的东西奔赴收银台，只为能赶紧逃离。如果这听起来正像是你的行为，下次需要购置新装时试试下面的小技巧：

进到一家店铺，事先下定决心什么都不买。这次逛街的目的只是单纯收集信息。你可以试穿各种各样不同的款式，全方位、各角度打量自己，然后在试衣间用手机拍张照。接下来，径直离开。回家之后，再把刚才收集的所有信息按自己的节奏回顾一遍，在没有压力的状态下做决定。

14

如何（以及什么时候需要）打造一个胶囊衣橱

如果你对拥有一系列彼此间能完美互搭的衣服这一主意心动不已的话，这章正是为你量身定制！彻底了解有关胶囊衣橱的一切，包括怎样通过六个步骤策划出自己的胶囊衣橱。

截至目前，我们在这本书里的关注点一直放在衣橱整体上，比如怎样进行衣橱大扫除，如何提升并一件件地逐步翻新衣橱。不过，你也同样可以用在前几章学到的工具、技巧来完善自己衣橱中的一部分：胶囊衣橱。

什么是胶囊衣橱？

胶囊衣橱这一概念近些年来越来越流行，但实际上，它已经出现有一段时日了。

胶囊衣橱的起源

从起源上来说，"胶囊衣橱"这一术语可追溯到20世纪70年代，由英国时尚领袖苏西·福克斯（Suzie Faux）提出。在那之前，大部分女性都把自己的衣服整套整套地挂在衣橱里，而不是让单件衣物之间彼此交换搭配。而胶囊衣橱，不过由几件永不过时的经典单品组成，可以随季节变化组合搭配为当季时尚的装扮，这一概念当时被视为新兴又激动人心的，尤其适合现代的职业女性。通常被推荐列入胶囊衣橱的单品有如铅笔裙、白色前开襟衬衫和其他纯色单品，其功能得以区分开来。从本质上来讲，以前所说的胶囊衣橱里面的单品都具有我在本书中称之为"基本款单品"的功能。

今天的胶囊衣橱

现如今，我们对胶囊衣橱的认识较之以前有所不同。下面快速总结一下：

- 一个胶囊衣橱由20—40件单品组成，鞋和外衣也包括在内（但这个数字不包括配饰或诸如内衣、运动装备和睡衣在内的特殊衣物）。
- 胶囊衣橱更倾向于是一个独立的衣橱，也就是说，你一般不会把胶囊衣橱里的单品与其他衣服混搭。
- 鉴于胶囊衣橱只包含了一小部分单品，因此，为了满足需要，胶囊衣橱需要定期重塑，以保持与当下的天气和季节相符。
- 每次重新改造胶囊衣橱的时候，你会从已有的所有衣物（或储备）中挑选。一旦决定了，其他所有衣服都将暂时偃旗息鼓直到下一季。你的胶囊衣橱本质上就是整个衣橱中较"活跃"的部分。

"我的胶囊衣橱应该有多大？"

胶囊衣橱最理想的尺寸取决于三个因素：个人风格、生活方式和丰富程度。

- **个人风格**：假如你喜欢简单的装束，那么比起热爱多层叠穿的人来说，你需要的单品数量较少。
- **生活方式**：如果你必须经常出席各种各样的场合，相比起每天穿着雷同造型的人，你会需要更多单品。

● **丰富程度**：要是你喜欢有很多选择，那么较之无所谓经常重复同一套打扮的人而言，你需要的单品更多。

关键点：不存在所谓完美的数量。当你开始着手打造自己的胶囊衣橱时，对数量范围可放宽一些，具体是20—25件，还是40件左右都可以，只要准备好在需要的时候调整即可。

为什么要设立胶囊衣橱？

人们通常吹嘘胶囊衣橱的好处之一在于简化早晨挑选衣服的过程，因为衣橱里的所有单品都能互相搭配。设立胶囊衣橱的另一个益处是令你成为一个更精明、思虑周全的消费者。这些都是真的！不过事情是这样的：如果你循着本书的指引一步步完成，也将收获同样的结果。想成为时装达人，其实你并不需要限制自己只有很少量的衣物，使衣橱里的所有单品全部都能精准搭配，或遏制自己的购买冲动。无论你想要衣橱里有多少衣服，都可以达到上述两个目标。事实上，对有些人而言，不管怎么穿，四十这个数字已经很接近甚至超过他们平时所穿衣服的数量了（要记住，这个数字里我们排除了内衣、配饰和出席特殊场合的服装）。如此一来，他们的衣橱既可称为一个胶囊衣橱，也是一个日常衣橱，怎么称呼都无所谓。

那么，到底为什么要设立胶囊衣橱？为什么非得故意限制自己穿什么？就个人经验而言，我认为有五类人最适合这一概念。如果你属于其中任何一类，可以考虑放手一试！

如果你喜欢简约

有些人（包括我在内）就是喜欢拥有精挑细选出的一小部分衣物这一理念。在《比从前更好》（*Better Than Before*）一书中，作者格雷琴·鲁宾（Gretchen Rubin）把这类人称为"简约爱好者"，他们从井然有序、摆脱旧物中会获得愉悦的感受，周遭过于杂乱很容易让他们压力倍增。与之相比的另一个极端是被称为"充裕爱好者"的人，他们喜欢丰富多样的可选项。通常来讲，这类人对收集东西充满渴望，居住空间里往往到处堆满了东西和装饰性的小玩意儿。如果你恰好属于充裕爱好者，你可能听见"把衣橱限制在一小部分固定衣物上"便会感到沉闷、令人窒息。但如果你是一名简约爱好者的话，这正符合你的路子！

你的衣橱尚需大量改造工作

如果你当前的衣橱几乎没有什么你喜欢的衣服，把目标设定为首先建一个胶囊衣橱会比彻底翻新衣橱来得更有利。两者的差别之大，如同与朋友一道安排组织一个小型聚会和筹划一次为期多天、有超过五百名宾客参加的婚礼庆典的差距。建立胶囊衣橱，你需要担心的问题更少，也能更快达成目标，最终还将收获一个相对独立、功能齐全的核心服装组。你可以随后充实扩展你的衣橱，也可以保持原样。

想更富创意？充分利用现有衣橱

假如你发现每当自己不知道穿什么的时候就开始买新衣服，那么，建立胶囊衣橱会是挑战自己从现有衣物中找出更多穿搭造型的绝佳方式。你听说过"30×30混搭"吗？这是个有趣的衣橱挑战，因肯迪·斯金（Kendi Skeen）在其博客"肯迪的每一天"中提出而大为流行。挑战是这样的：从你现有的全部衣物中挑选30件单品，尝试用它们在未来30天中搭配出30套不同的造型。当然，你也可以选择20件进行为期20天的挑战，或者增加难度，在未来整整三个月里用这30件单品变换出尽可能多的不同穿着方式。决定权在你手上！

不得不严守工作着装规范

正如之前在第169页中提到的，如果你不得不遵循工作场合的着装要求，或只是想在上班时间打扮得不一样的话，我建议你建立一个专属职场的独立衣橱。这样，你既能在休闲时间自由地展现自己的个人风格，又能有一组实用、得体的衣服奔赴职场。

即将旅行出游或应付忙碌的几个月

有太多选择并不总是件好事，尤其当你忙到人仰马翻或者变身空中飞人的时候，根本不愿把仅有的空余时间浪费在衣橱上，对穿什么犹豫不定。无论何时，只要我必须面对忙碌的一个月或长期出游时，我都会集结一个为数二十件单品的多功能胶囊衣橱，足够应付计划中的所有活动类型。过去几年中，我这么操作了很多次，而它每次都为我节省了大量的时间和精力，因为我能够真正做到早晨抓起一身衣服就冲出门。同样，在完成论文的过程中、陪伴新生儿的日子里、在办公室熬过一年中最忙碌的日子，以及长时间出游的时候，你也可以利用这个技巧来节约时间。在试图建立一个灵活实用的衣橱前先做些额外的计划，之后，你便能暂时忘掉有关衣服的一切，因为它们已经安排好了。

"我多久需要更新一次胶囊衣橱？"

这个问题的答案取决于你最初建立胶囊衣橱的原因。如果你想在可预见的未来都使用胶囊衣橱，无论是因为喜欢它的简约或是想将其作为职场专属，每三个月更新一次都是比较合适的时间框架。以前我定期使用胶囊衣橱的时候，会在每年的十月、一月、四月和七月初将其更新换代，以适应不同季节。第21章有更多关于一年四季如何维系及更新衣橱的内容。

如果你的初衷是更富创意地利用现有衣物，那么可以选择更新得更为频繁，比如每一到两个月一次。如此一来，每次更新都能替换式样各异的单品，最终将更好地了解衣橱里的所有服装。

不过，要是你只在某个特定阶段需要用到胶囊衣橱，比如旅行或完成一宗大项目，你甚至压根不必替换更新，日常只需穿回平时的衣服就行。

怎样打造胶囊衣橱

就其本质而言，胶囊衣橱不过是日常衣橱的微缩版，在打造胶囊衣橱期间，前面我们提到的所有技巧都可以用上。

我只有一个额外的建议，那就是：越精心挑选越好。

如果你既想控制胶囊衣橱的规模，又希望它非常实用的话，里面的每件单品都必须竭尽所能，发挥最大功用。关于这一点没有商量的余地，因为胶囊衣橱里根本没有空间放那些只是"有点儿喜欢"或只能用作单一造型的衣物，比如你可能一个月才穿一次的亮闪闪的表现型上衣。胶囊衣橱里的每件衣服都必须极度符合你的个人风格、实用、能多方式穿搭，且一个月甚至每周都会穿好几次的特点。

下面是我推荐大家用于打造胶囊衣橱的一般步骤，和本书中某些章节息息相关：

第一步：根据衣橱功能，确定活跃单品

如果你已经绘制了一份每日生活方式的饼图（如第120页），可以直接把这个图用作胶囊衣橱的基础。要是你想让胶囊衣橱专属于职场，或在某一特殊时期你会变换与平时不一样的着装（例如旅行途中），那就再绘制另外一个饼图。

相关章节：第8章，如何打造适合日常生活（不是幻想中的生活）的衣橱（第114页）

第二步：建一份小型风格概况图

较之你通过本书第96页的练习后得出的个人整体风格概况图，胶囊衣橱的风格概况图应该更清晰明确。越详尽具体越好（不要出现诸如"轻柔的冷色调"这类描述，用"浅蓝和淡黄绿色"取而代之），并依据你绘制的活动类型图和所在城市的气候作出调整。还要提醒自己，风格概况图涉及的范围较小，只能包含有限的单品件数。因此，你就不能选择六种不同的面料材质，而只能挑选彼此能相互搭配的两到三种面料，从而使胶囊衣橱的所有单品都能和谐互搭。

相关章节：第6章，综合所有元素：形成你的风格概况图（第86页）

第三步：设计胶囊衣橱的基本结构

基于上文中绘制的饼图和小型风格概况图，写出胶囊衣橱的结构，具体到每一类型的衣物，如牛仔裤、上衣、毛衣等类型，各应包含多少件单品。其中一定要包括你的穿搭法则里的元素，如服饰种类以及其他所有你平时喜欢穿的类别。然后，利用本书第160页中谈到的衣物洗涤频率分析技巧，基于每类衣物需要清洗的频率，确定它们的最佳件数。

你的胶囊衣橱基本结构有可能会是下面这样：

- 直筒牛仔裤：2
- 阔腿裤：2
- 半身裙：2
- 外套：1
- 夹克：1

- 西装上衣：2
- 羊毛开衫：4
- 针织毛衣：5
- 吊带背心：4
- 长袖T恤：3

- 乐福鞋：1
- 帆布鞋：2
- 运动鞋：1

相关章节：第11章，研究穿搭法则（第152页）

第四步：给基本结构添加细节

接下来，把衣橱翻一遍，挑出任何你确定想放入胶囊衣橱的服饰，在基本结构里加入它们（只要它们与胶囊衣橱的小型概况图风格一致，符合第二步里的活动类型图）。

然后，找出缺少哪些单品，确定它们的样式，如颜色、面料、版型等。为保证这些缺少的单品能满足胶囊衣橱功能全、可混搭的条件，同时还可与已有的其他服装相搭配，参考第9—11章内容会很有用，这三章分别阐明了筛选服饰的三种策略：衣橱布局、调色板和穿搭法则。

做好心理准备，你可能在挑选衣服并确定缺少哪些单品的时候需要反复多次，直到找出满意的组合。

经过这个步骤，你的胶囊衣橱结构可能变成下面这个样子：

2条直筒牛仔裤
- 深色水洗√
- 中度水洗√

2条阔腿裤
- 黑色√
- 白色√

2条半身裙
- 森林绿铅笔裙√
- 灰色蕾丝边超短裙

1件外套
- 灰色羊毛外套√

1件夹克
- 中度水洗牛仔夹克√

2件西装上衣
- 黑色√
- 白色

4件羊毛开衫
- 森林绿色√
- 紫红色（长款）√
- 黑色√
- 玫红色

5件针织毛衣
- 白色条纹针织毛衣√
- 蕾丝贴花白色毛衣
- 灰色√
- 有细节装饰的黑色毛衣√
- 紫红色/玫红色有规律花纹或图案的毛衣

4件吊带背心
- 黑色绸缎款√
- 灰色纯棉款√
- 白色
- 有亮片的黑色或白色√

3件长袖T恤
- 白色或藏青色条纹衫√
- 灰色蝙蝠袖款√
- 简约的黑色V领款√

1双乐福鞋
- 黑色流苏乐福鞋√

2双帆布鞋
- 黑色Keds帆布鞋
- 紫红色√

1双运动鞋
- 灰色√

√=我已经有的

相关章节：第9章，衣橱布局（第124页）；第10章，筛选出一个多功能调色板（第136页）；第11章，研究穿搭法则（第152页）；第12章，商务时间：调整衣橱，驰骋职场（第164页）

第五步：写下购物清单

既然已经知道想要什么样的胶囊衣橱，你接下来便可以遵循第13章中提到的整体改造四部曲，来完成胶囊衣橱的打造，确定缺少单品的优先购买顺序。

相关章节：第13章，对衣橱来个彻底大改造：步骤指导图（第176页）

第六步：计划造型

留点儿时间给自己彻底熟悉和了解崭新的胶囊衣橱，计划出所有可用的造型。

相关章节：第15章，成为自己的最佳造型师（第202页）

15

成为自己的最佳造型师

彻底了解你刚刚打造出的崭新升级版衣橱，建一个造型技巧工具库，试试挑战自己能否设计出许多新的出街造型，让它们全部都能充分展现你最理想的个人风格。

设计一套很棒的造型如同烹制一道美味佳肴：你需要高品质的原料，但同时还需以正确的方式调配组合，再放入恰当的调料。

如果你恰好完成了衣橱大翻新，或往里面添置了部分新品，那么，你已经在贮藏室囤满许多不错的原料了。接下来，迈出通往完美衣橱的最后一步吧，是时候弄明白如何充分利用原料，设计出百分百符合自己风格的造型啦。

好啦，准备活动肌肉，开始造型，预留至少两个小时的时间试穿！试穿需要那么长时间？正是如此！

整个衣橱更新完毕后，你便应每半年一次检视已有衣物的合体程度，为即将到来的季节，以及应对想要更换造型的任何时候提前做准备。

服装设计师和时尚造型师们会与客户一起，把试穿当作头等大事，为出席活动或现场拍摄准备的服装通常试了又试，然后不断调整、剪裁再微调，以达到完美。即便你近期内没有颁奖盛典可去，还是可以对同样的方法信手拈来以熟悉自己的衣橱，学习如何充分利用衣橱，成为自己的最佳造型师。

试装过程中应该做什么？

这个过程的任务是让自己更富创意、进行各种尝试、玩玩装扮游戏！尝试海量组合，运用配饰和其他造型技巧进行微调，直到找出一堆你迫不及待想穿上身的新造型。

需要准备的东西

- 前几章中创制的情绪收集板，上面有你关于个人风格的总结（用作参考）。
- 一面全身镜
- 一部照相机或智能手机
- 之前整理出的风格档案和笔记
- 一个音乐播放列表，里面装满欢快的音乐

寻找新造型从挑选你的主原料开始，也就是裤子、上衣、鞋，诸如此类。用你的穿搭法则作为指导原则，也可以直接组合各式基本款、关键性和表现型单品，设计出好看的装扮。一旦对某个造型的整体效果满意，就为其再增添一点装饰！比如一条精致高雅的项链、一条皮带、好看的围巾或叠戴手镯，也可以尝试挽起袖子、涂上鲜艳的红唇或者化个猫眼妆（也可以两者兼有），再把衬衫在腰间打个结，等等。（可参考第210—211页的造型技巧列表）

给喜欢的造型划分等级

不断调整造型，直到它们都能展现个人风格的最好状态，然后拍张照，做些笔记。整个试衣期间，要注意两点：

1. 主要"原料"：哪些单品彼此搭配效果最好？
2. 其他"配料"：哪些造型技巧（包括配饰）最适合你的衣物？

造型设计大挑战

把完成这项挑战作为试穿的一部分，在任何需要新点子的时候，造型设计挑战同样可以进行。先由三项基础挑战着手，它们会帮助你更好地了解衣橱的基本结构。之后，再选择一些进阶挑战开始深入挖掘。

挑战基础版

- **开辟新单品**。无论你是刚刚完成衣橱的彻底大改造还是简单购置了几件新一季的单品，都要确保先花一点时间对新衣服有更多的了解，尽可能多的梳理以下信息：这件衣服适合什么场合穿，和哪些服饰搭配的效果不错，哪种造型技巧能最好地呈现其效果？至少找出三种不同的穿着方式，并一定要把你的发现记录进风格档案中。

- **更加了解自己的穿搭法则**。随便挑一个前面写下来的穿搭法则，用其中的单品组合出五种各式各样的造型。可以运用到配饰、另外的单品和造型技巧来增加多种元素，区分不同造型。

- **用上你的关键性单品**。挑选五件最重要的关键性单品，挑战一下自己，用这五件单品设计三套穿搭，每套都尽可能不一样。举个例子，你那件黑色西装上衣用于白天工作场合已经非常完美，不过还是让我们来试试它在超级休闲的周末装扮中是否可以表现得同样出色，或者换作晚上约会的美艳装束呢？

挑战进阶版

- **把一套单一的基本装束设计出五种不同造型**。从一套像黑色牛仔裤配简单白上衣这样的基本装束开始，通过配饰、额外单品、发型、妆容和其他造型技巧的运用，挑战自己将基本装束华丽变身为五套完全不一样的造型。

- **创立一身标志性装扮**。把你的整体个人风格精简浓缩进一身装扮之中。对每一个细节，包括首饰和妆容都进行仔细推敲。

- **打造三套周末装**。周末你最喜欢做什么？依据这些活动塑造三套最佳造型。

- **打造三套工作装**。又到了讨论工作的时间。综合整理出几身不同的造型，今后遇上重要会议或大型演讲、需要获得更多自信的时候，你可以穿上它们来达成所愿。

- **盛装还是简装**。先穿一身日常的出街装束，然后将其打造成盛装，或者将其变得更为简约低调。把这身装束的每一个元素单独拿出来，增加、减少或变换妆容；增加或减少配饰；把上衣塞进腰间或放出来；换换不同的鞋；外搭一件夹克，如此等等。看看自己对这两个方向分别能接受到哪种程度。

- 玩玩六维分离游戏。先挑选两身齐备的装束（两身装束彼此不要出现重复的单品）。接下来，从其中一身装束开始，替换掉其中的一件，最多两件，试试自己能否设计出同样出彩的造型。然后，继续每次替换一到两件单品，设计新造型，直到最终，两套初始装束形成一个完整的圆环。
- 仅用十件单品，打造整整一星期的装扮。这个挑战涉及两方面，你既要活动筋骨，着手十件单品彼此搭配出不一样的造型，又必须在一开就做出明智的选择。不过，一旦完成挑战，找出一系列功能强大实用的单品，下次旅行打包行李会变得非常容易。

筹划一个造型技巧工具库

仔细研究任何在杂志或博客上看到的出彩造型，你会发现其中有许多令你心动的细节和理念。比如，某位女演员身上那条美丽动人的连衣裙，在她的红唇和蓝绿色耳环的点缀下显得越发光彩照人；你最喜欢的杂志九月刊登了一身非常休闲舒适，但又非常时髦的秋季装扮，如果去掉腰带、层次感、托特包，没有从靴子里露出的袜子边的话，效果恐怕不如现在的一半好看。即便你看上的造型极简到只有一件T恤搭配牛仔裤，但诸如牛仔裤卷边、T恤塞进裤腰的方式，甚至挽起袖子，都是能让这身造型提升层次的方式。

造型就是把一身装束由好看变成出彩。

尽管整个造型过程可能看起来令人捉摸不定，但实际上却非常简单，因为能调整或添加的基本元素数量是有限的（参见此页的造型技巧列表）。

这些元素可能部分适合你独特的个人风格，能让整体穿搭更上一层楼，有些则不一定。因此，在你尝试各种不同穿搭组合的过程中，一定要把尽可能多的元素和造型技巧混合进行，这样才能看出哪些技巧是你最喜欢的。

先从你在灵感素材收集和实地试装阶段整理出的造型技巧入手，慢慢扩大范围。记下哪种造型技巧尤其适合哪类单品。还有，试着关注一下某个造型技巧有什么作用，这样今后可以用它来调整其他任何造型。

 写一份清单，罗列所有你喜欢的造型技巧，往后无论何时，碰上任何想尝试的新点子都写进这份清单。

- 衬衫塞进裤腰：为整体造型增添立体感和趣味性。可以尝试把衬衫全部塞进去，只塞前襟，或者只塞一半。
- 卷裤脚边：从紧身裤挽起一点点裤脚，到实实在在地挽起五厘米，每种挽法的效果都不同。
- 挽起袖子：这招对夹克和衬衫，以及长袖、短袖上衣都适用。
- 腰带：可宽可窄，系的位置可上至自然腰线，也可下至臀部，或两者之间的任何位置都行。
- 围巾：从真丝方巾到大的毯子式围巾均可。

- 首饰：项链、手环或手镯、戒指、耳环和胸针。

- 其他配饰：眼镜或墨镜、紧身衣、头饰、各式帽子和手套。

- 层次感：比如内加一件重点色上衣，露出领口、衣边或者敞开袖口。也可以尝试把衬衫系在腰间或臀部。

- 妆容和发型：这两者都是造型的重要组成部分，不论你是喜欢颜色大胆的还是柔和的唇色，是挽个高发髻还是让头发松散开来。

PART IV

购买的艺术

16

如何做一名
理性消费者

这是一份精明消费的终极指南：逃离快时尚消费怪圈，找到令你为之心动的单品，养成三个基础习惯避免冲动消费。

在这个充斥着越来越多让人目眩神驰的物品的世界，想做个理性消费者确实是个挑战。随处可见光艳浮华的广告板、制作精美的明星代言广告，还有精明的社交媒体宣传，时尚服饰于我们而言，比以往任何时候都要更加唾手可得、负担得起。可所有这一切组合起来却十分危险，对我们消费习惯的形成产生了巨大的影响：在20世纪60年代，每年人均购买服饰量少于二十五件，但在衣服上的花销却几乎占到人们收入的10%。可时至今日，我们每年人均购买将近七十件服饰，每周超过一件，但在服饰上的开销却少于收入的3.5%。

我们买得更多，在每件衣服上花得更少。这句话说的可不仅仅是钱，我们在每次购置上所花的时间也更少且疏于考虑。为什么会这样？因为我们能这么做。随着快时尚产业的兴起，服饰的平均价格在稳定下降，因而我们对出手购买的每样东西无需思索再三。然而，更低廉的价格不是我们无计划消费的唯一原因。

新常态

近年来，人类电子技术的运用日新月异，我们挂在网上，时时刻刻"保持联络"，这也让各种品牌把触角伸向我们变得更加容易。品牌商们早已不再依赖昂贵的杂志广告，也不再单纯靠他们下属销售助理的三寸不烂之舌不断游说，只需发几条微博，赞助几个时尚博主，便能轻松地将品牌信息传递到全球数百万计的观众。

随之而来的是，这个网络世界无处不充斥着广告和品牌信息，让我们无处可藏。我们绝大多数人每天都被各种产品的精美图片围绕，听艳光四射的人们不断讨论。每一天，我们看见时尚博主们和网络名人不断买、买、买，根本不需过多考虑，以致我们最初可能会觉得："什么，你又买了一双豹纹高跟鞋?！"可假以时日，当上述信息持续轰炸，我们的观念对什么是"正常"发生了改变，然后，我们自己也习惯了不假思索便越买越多。闪电打折促销、"买二送一"的营销手段和不断更新的产品目录教会我们快速做出决定。疏于挑选反而成为我们的新常态。

逃离怪圈

你的消费方式其实不过是经年累月形成的一系列习惯而已。如果你希望改变购买方式，对入手的东西和要放入衣橱的服饰更精挑细选、慎重考虑的话，就需要逐步用新习惯取代那些不好的旧习惯。

我认识很多女性，她们成功逃离了快时尚的消费怪圈，现在都拥有了自己个性化的、精心筛选筹划的衣橱。她们无一例外地都考虑了购买新单品时遵循的一个共同程序。这个程序可被分解为三个关键习惯，在本章中我将带领大家一步步实践。

这三个习惯都不需要采取极端方式，也不会要求你有强大的意志力，因此不必担心。想成为一名精挑细选又思虑周全的消费者，你不需要取消半数已经关注的时尚博客，发誓再不去最爱的打折店或开启为期三十天的"购物斋戒期"。相反，关键点在于调慢脚步，稍微调整你的购物方式，让自己积蓄更多精力，有时间慎重考虑并最终做出明智的购买决定。

习惯1：写出详细的购物清单

你是否曾经留意到，大多数时尚服装品牌店都按同样的方式布置商品？时尚潮流的、价格较高的单品展示在最前面，穿在橱窗模特身上，让你绝对不会错过；经典和长青款在后面，而且通往收银台的走道边总是排列着正进行折扣促销的商品，你在等待付款的时候可以顺手抓一件。无论你身处Forever 21还是Anthropologie，95%的时候你都会发现同样的陈列方式，因为这样能让销售额最大化。经过多年研究和数据分析，品牌商们已经非常清楚怎么诱惑我们走进商店，把我们指向价格较高的货品，打发我们回家的时候，我们会大包小包拎满比预想多得多的东西。

> 对抗这一点的最佳防御机制是一份清晰、简洁的购物清单（正如在建立风格档案以备彻底更新衣橱所用的清单）。养成习惯，在奔赴商店之前先决定要买什么，无论是网店还是亲自去实体店。

但大多数消费者的行为恰恰相反：他们一旦冒出某个想买什么的模糊念头就立刻开启小小的购物之旅（比如，我想买"裤子""漂亮的外套""一件蓝色的衣服或鞋子"），继而让外界环境填补细节的空白。最终带回家的东西更多的是偶然所得，例如抓住他们眼球的、打折的、一位不错的销售员极力推荐的东西，同样还取决于在逛到脚抽筋之前他们去了多少家商店。

当然，有时候也有意外之喜，这种购买方式看起来也不错。但是，当你试图打造一个和谐一致的衣橱时，你的购买过程真的需要更具策略，因为你不仅仅是寻找任何一条过时的裤子，相反，你需要的单品必须具备某些特质，与已有的衣服、调色板和风格概况图相搭配，同时满足你的特别偏好，比如面料材质、修身程度和版型等。

你越能事先确定这些偏好特质，最终真正逛街的时候会越冷静。你可以先上网快速搜索一下，看看哪些衣服能满足你设定的标准，写一份不长的品牌列表。如此一来，逛街要去的品牌店范围就缩小了。接下来，在进店之后，你还能把预先设定的标准当作过滤器，筛选出可供挑选的单品。

> 上述所有步骤不仅会提升你找到真心喜爱的物品的可能性，还有助于缓解整个购物过程的压力，保存精力，从而防止你把根本不喜欢的东西买回家。

当然了，明确知道自己到底想买什么样的东西也是避免冲动消费的最佳方式，知道想买什么，你才能重点清晰、目标明确。一旦把全部精力集中在搜寻目标上，你便不太可能被橱窗和展示柜里的其他漂亮服饰分散了注意力，不会关注那些看着挺好但与自己现有的衣橱并不匹配的东西，更别说为其花费预算了。

因此，下次考虑往衣橱里添置新品时，先花几分钟搞清楚自己到底想找哪类单品，灵活运用你的风格概况图、调色板、穿搭法则和其他任何你为自己的衣橱设定的基本条件。

写购物清单时要考虑的主要因素：

- 整体风格
- 颜色
- 剪裁、版型、修身程度
- 面料

- 细节
- 袖长
- 领形
- 花色图案

你尽可以往购物清单中随意加入更多信息，但一定要确保自己能分辨哪些特质是必须的，哪些不是必须但不错的。

习惯2：让自己慢下来

和普通消费者相比，慎重规划自己衣橱的人买起东西来简直是龟速。这样的人喜欢慢慢来，比较过所有备选项之后再做决定，极少在当天逛街或上网进店第一眼看中某件单品就立刻买下来。

这么做归根结底就是为了精挑细选，因为一次逛街通常难以给你足够时间从各方面考虑某件潜在的新单品。

> 通过刻意放慢速度，你给了自己仔细审视的机会，确保自己不会匆忙决定或冲动行事。

因此，别着急在一个下午便扫光购物清单上的每样东西，相反，试试这个办法：先花时间确定自己到底需要哪类物品，写一份非常具体的购物清单。然后，在网上逛逛喜爱品牌的网店，看看有没有任何符合条件的单品。综合一份在附近商店便能试穿的服饰清单，也可以直接在网上下单（当然，要确认衣服不合适的话可以退）。回顾清单，在网上搜索特定衣物的图片，想想这件衣服作为整体造型的一部分效果如何？别人怎么评论它的面料？

将清单上的衣物试完一遍后，把每件衣服与你之前罗列的各项标准一一比较，考虑每件单品与现有衣橱里的服饰是否搭配。如果犹豫不决，可以到附近走走，或者先放一放睡个好觉。如果最终入围的备选单品都感觉不太对，直接放手好了。

习惯3：关注细节

你认为一件白T恤就仅是一件白T恤？再重新思考一下！白T恤可以是圆领、V领、一字领；可以是盖袖、插肩袖、半袖；版型可以是A字形、直筒形、修身款或宽松式；材质有纯棉、亚麻或人造纤维。所有这些小细节都非常重要。细节完全能决定一身装扮是纯美式常青藤校园风还是前卫波西米亚范儿。因为在单品的组合中，细节将赋予单品个性及非常独特的样式。

你打造贴合个人风格造型的能力，全然取决于衣橱中的每件单品能在多大程度上展现你的风格。这也正是为什么要训练自己关注单品的细节，比如修身程度、面料纹路或领口形状，这些都是迈向更棒衣橱的重要一步。

我们假设你想往衣橱里新添一件基本款：一条深色水洗牛仔裤。现在，不要入手找到适合自己尺码的第一条深色水洗牛仔裤，先停下来仔细审视一番。这条牛仔裤属于哪种类型？是修身、直筒、男友式还是紧身款？它和你的其他衣服搭配效果好吗，符合你的整体风格吗？你是否喜欢它的面料？是不是适合你在追寻的整体造型？提臀效果怎么样，磨旧处理和口袋位置呢？穿着它活动是否自如？

最开始，当你在寻找个人风格的路上还有很多工作尚未完成的时候，留意每个小细节有时可能令你感到冗杂和麻烦。然而，一旦你对自己的风格感到自信，明确了解需要哪些类型的单品去表达这种风格的时候，你便建立了自己的经验法则（就是你在第84页所做的那样），这个过程也就变快了。举个例子，我花了不少时间才发现自己不喜欢低圆领，任何过高、过低的领子都不行。可一旦知道了这点，购物时我就能直奔适合自己的圆领和深V领服饰，完全不需多花时间。

17

决策时间：
什么时候买，
什么时候保持观望

本章主要阐述一个让人做出更明智购买决定的简单方法，在掏钱付款前，先问问自己十三个问题。

没人喜欢试衣间：在糟糕的照明灯光下，你勉强挤进一个狭小空间，抱着堆积如山的衣服，帘子后面还排着长长的队伍，其他顾客都等着你赶紧试完挑选的衣服出来，好轮到自己。在这种情形下做出明智的购买决定绝不是件容易的事儿，即便你提前花时间写好一份具体的购物清单也没什么用。

当我最初开始有意改变自己的购物方式时，总是栽在试衣间手里。我满怀无比明确的想法，知道自己需要的是什么，要怎么把钱花得适得其所——只会为真正适合我的风格、体形，能与衣橱里其他服装相搭配的东西掏钱包。可是，当结束一堆衣服的试装，轮到做最终决定的时候，我总是一不留神就把所有原先的好意图都抛到了脑后。

有时，要是刚好碰上令我非常心动的新奇小细节、整件衣服的风格或颜色，我便会兴奋无比，脑子一热就直奔收银台，完全无视所有实际因素或考量，比如我已经有好几件相似的衣服挂在衣柜里了。也有的时候，如果店铺刚好在打折促销，我又会说服自己：这件上衣已经打了8折，那么它的面料稍微有些扎人或者肩带有点儿勒也没什么关系呀。另外有些情形是，经过一天漫长的逛街购物，我已经精疲力竭，于是随便抓起一件明知其并不理想的衣服付款回家，只不过为了能把清单上的某一项划掉。

一开始，我对自己显然无法坚持自己的购买原则而沮丧不已，但后来我突然记起在社会心理学课堂上学到的一点：人类在压力作用下通常会做出糟糕的决定。我们会忽略至关重要的信息，而困扰于不相关的无谓细节，为达成结论过度夸大某些东西。

被困在小隔间里半裸着或衣不掩体，此时要做决定无疑背负着巨大的压力。而我所说的不仅是时间上的压力（不希望占用试衣间太久，那样实在太失礼了），还有不愿空手而归的心理压力。因为鉴于你已经在店里试穿各式衣物投入了巨大的时间和精力，毫无疑问，你会希望买点儿什么而不愿空手而回。

让决策过程自动化

无疑，当考虑到为衣橱购置新品时，想跳出压力带来的种种不良感觉，做出明智决定的最佳方式就是让整个过程自动化。

> 购买新品前，综合所有需要考虑的因素，写一份备忘录，从整体风格到质量和价位，然后依次审视一遍。

审视这份备忘录有两大优点：

1. 有助于保证你确实从各角度、全方位对一件单品做出周详的考虑。在压力之下，我们很容易抄近道，只关注某件服饰的视觉特征，而忽略了诸如是否修身、它的面料或质地如何这类潜在的考量。
2. 有助于去除决策中的情感因素，让决定结果更为客观，从而减少外界压力或临时情绪造成的影响。

在本章中，你会发现一张决策完成过程的蓝图，用以调整自己的需求，或直接用作指导方针也行。这个过程由十三个提问组成，可从以下五个角度帮助你评估某件即将加入衣橱大家庭的新单品。

风格

该单品能在多大程度上展现你的个人风格？

功能

该单品与你的衣橱布局和构成匹配度如何，其是否具备多种用途？

品质

该单品质量如何？从主观角度（是否合体、舒适程度）和客观角度（结构剪裁、面料和持久性）两方面考虑。

预算

购买该单品是眼下对预算的明智开销吗？

直觉

你是否真的为之心动，无比兴奋地想将其穿上身？

的确，相比起匆忙做决定，回答以上问题会花去额外的精力，但记住，比起面对购买失败带来的无尽沮丧，购买前周详考虑和多花些时间总会容易得多，压力也更小。

风格

该单品是否能展现我的个人风格？

开始第一步，对任何你在网上锁定或外出购物时在展示架上看中的衣物，快速检视一遍其是否能融入你理想中衣橱的整体走向。问问自己：该单品是否有助于你打造自我风格的美感，还是会偏离重心？它是能符合你创建的归纳个人风格的情绪收集板，还是会鹤立鸡群、十分扎眼？该单品的各项组成元素如何，比如材质、细节、剪裁和颜色？这些细节元素是否能与你在风格概况图中确定的风格偏好和谐共处？

我喜欢这件单品穿在我身上的样子吗？

总有些你为之心动的服饰，别人穿起来很好看，但穿在你身上却不那么理想。这没关系。遇上这样在货架或模特儿身上很美，到自己身上却一般般的单品，不用多加理会，继续找到下一个更好的替代品吧。

功能

我对该单品在衣橱中的角色有清晰的规划吗？

为了达到多功能、实用的目的，让你有很多穿搭选择可选，你的衣橱需要的不仅仅是一堆随便碰上的、突出扎眼的单品。添置的每件新品都必须是整体衣橱升级策略中的一部分，你应该清楚知道某件新品将在衣橱中扮演的角色。

是一件关键性单品？还是一件表现型或基本款单品？它与衣橱里现有的、你经常穿的那些服饰搭配效果怎么样？在脑海中过几套不同的装扮，比如，如果你考虑新入手一件有装饰的表现型上衣来搭配基本款，那就想象一下你穿上这件上衣和已有的深色水洗牛仔裤或简洁的半身裙是什么样。

如果你感觉这件单品与脑海中为其设定的角色并不匹配的话，极有可能它与你衣橱里的其他服饰也不搭界，如果买下来，围绕它产生的问题可能后患无穷。

该单品适合我的生活方式吗？

我们压根没有理由把钱浪费在一件基本不会穿、甚至根本没机会穿的单品上。你的衣橱理应为你原本的生活方式提供支持。因此，涉及到你想为衣橱添置某件单品时，一定要保证你清晰地知道它将用于哪些场合、出席什么活动。你是会在白天穿着办公，还是会夜晚穿着赴约？

另外，这件单品的每个组成元素（如材质、鞋跟高度、版型等），是不是真正适合你计划穿着其出席的场合和活动？试着想象几个真实生活场景，比如"外出跟朋友小酌一杯"或"周末外出跑腿办事"，以此帮助你找出任何其质地与穿着场合明显不相匹配之处。

该单品是否百搭?

如果你希望自己的衣橱用途多多、有众多穿搭备选项,那么衣橱里的每件单品都应该尽可能百搭。假如在上述任何一个问题中你注意到,该单品其实只能用于一到两套装扮的话,入手这件单品可能就不是明智的投资,尤其当你计划将其用作基本款或关键性单品的时候。

你可以通过将该单品与自己定制的穿搭法则和调色板相对比,来评估其百搭性。正如大家已经知道的,这么做的目的并不是让自己只能穿调色板里的颜色,正如并不是衣橱里所有单品都必须符合穿搭法则一样。然而,每件入手的新品仍至少应该与调色板中的其他色彩相协调,这样你才能用作搭配。另外,要是某件单品能完美融入你的出街造型,这绝对是个好兆头,你将收获许多可穿的装扮。

品质

该单品完美贴合我的身形吗? 是否舒适?

无论你想买的是一件西装上衣、一条裤子还是一件基本款吊带背心,是否完美贴合体形这一点毫无妥协的余地。设计合理的衣物应该沿着身体的自然曲线,并能活动自如,不该出现任何凸起来、起褶子、鼓出一块儿或皱在一起的地方。某件单品是否能完全满足上述条件并不是光靠网上图片就能准确看出来的。因此,如果你还没入手,现在正好可以先回答关于这件单品的问题,也可以去商店直接试穿。利用第273页的合体程度测试两步骤,从全方位评估这件单品。进行这一步时,你必须冷酷无情:任何单品,如果只有一点点不符合你的风格概念还可以接受,但不合体则绝对不能。

该单品是否剪裁精良、面料高档？

剪裁修身、舒适度高通常意味着该单品总体品质不错。但要想保证其经久耐穿，不会几次清洗后便支离破碎的话，购买时最好花几分钟检查一遍材质和做工：看上去是否匀整牢固？面料的织法是紧密结实还是又薄又透？有没有起球、脱线或针脚松动？想了解更多评估衣物质量的内容，可参见第19章：如何评估衣物品质：新手指南（第248页）。

我是否做好了妥善保养该单品的准备？

永远别忘记看一眼计划入手单品的洗标。你能否将其直接扔进洗衣机与其他衣服一道水洗，还是需要特殊保养？你想将其拿走定期干洗吗？你是否讨厌熨烫？没有什么比保养不当更容易摧毁一件衣服的外观和寿命了，因此，你需要从长远考虑，自己是否愿意并能真正做到将其正确保养，无论是手洗、熨烫还是干洗。

预算

该单品能填补衣橱的空白还是只能锦上添花？

除非你的置装预算无上限、衣柜空间用不完，否则，你必须考虑优先入手某些特定单品，至少短期内应如此。那么，第一步迅速搞清楚购买这件单品是否正确利用了你的预算的办法，就是想想衣橱里这类单品的现状。

一条再美丽动人的高品质及地长裙，如果你的衣柜里已经挂了十条相似的裙子，那它也不值得购入。但是，如果你的衣橱已经基础扎实，该有的都有了，那就可以尽情把预算花在令你动心却不一定"必须"的服饰上。但在此之前，始终把填补衣橱空白作为你的第一要务。

眼下购买该单品是明智花费预算吗？还是另一件单品能对衣橱发挥更大作用？

如果你的衣橱尚需很多工作，同时清单上有好几件单品都能填补衣橱的关键空白，此时，试着把这些单品划分优先次序，先买能展现个人风格、对造型产生最大影响的单品。比如，买一双漂亮的搭扣高跟鞋，可能一个月穿两次，不如买一件非常棒的夹克，一周能反复穿好几次，并能让整体造型和谐统一起来。

我想买这件衣服，是因为它在促销打折，还是因为我需要调节心情、庆祝一下或只是纯粹感觉无聊了？

要是你出现过度消费或冲动购买的倾向，先缓一缓，再三确认你想买这件衣服的唯一原因是它有助于展现你的个人风格以及填补衣橱的空白。如果有哪怕一点点迹象表明你可能只是感觉无聊了或压力很大，那一定别着急付款，直接走开。要是在当下消极情绪过去之后你仍然想买的话，可以再随时回去。

直觉

我至少能想到该单品的三种不同搭配吗？我会很激动地忍不住要穿吗？

如果你想入手的单品通过以上层层考核，走到这一步的话，可以确定的是，从实用角度看它绝对会是你衣橱里的好伙伴。现在，保证自己集中精力，如果你能想到该单品出现在至少三套装扮里，而你会迫不及待将它们穿上身的话，这无疑是个好兆头！

我能预见到自己未来很长时间都会穿它吗？

想打造出一个很棒的衣橱，你需要给予其长期关注。假如你已经确定某件衣服只会穿到年底，那就别在上面浪费钱了。一件能真正体现个人风格的单品，一定是你在未来很长时间都会持续穿着并小心保养的物件。

什么时候出手，什么时候保持观望？

把这页复印一份（或用手机拍照留存也行），下次购物时随身携带。

风格

1. 该单品是否能展现我的个人风格？

2. 我喜欢这件单品穿在我身上的样子吗？

功能

3. 我对该单品在衣橱中的角色有清晰的规划吗？

4. 该单品适合我的生活方式吗？我是否明确知道它适用于哪些场合和活动？

5. 该单品是否百搭？

品质

6. 该单品完美贴合你的身形吗？是否舒适？

7. 该单品是否剪裁精良、面料高档？

8. 我是否做好了妥善保养该单品的准备？

预算

9. 该单品能填补衣橱的空白还是只能锦上添花？

10. 眼下购买该单品是明智花费预算吗？还是另一件单品能对衣橱发挥更大作用？

11. 我想买这件衣服，是因为它在促销打折，还是因为我需要调节心情、庆祝一下或只是纯粹感觉无聊了？

直觉

12. 我至少能想到该单品的三种不同搭配吗？我会很激动地忍不住要穿吗？

13. 我能预见到自己未来很长时间都会穿它吗？

18

如何充分利用预算，
对过度消费喊"停"

别让消费习惯阻挡了你迈向理想衣橱的脚步！相反，认清你的过度消费触发开关，反思自己总流连于打折区的消费方式。

你怎么花钱？是倾向于无论价格多么便宜都会权衡这件物品的利弊吗？是否喜欢冲动购物，压力大或感觉无聊的时候呢？每次购物时，你的目标总是找出折扣力度最大的东西吗，甚至不打折就不买？你会为好玩儿或者奖励自己掏钱包吗？

正如每个人的饮食习惯一样，消费习惯也是在生活中逐渐培养塑造起来的。这也是为什么要改变消费习惯需要大量努力、静思己过。但你可以改变它！

本章的主旨就是如何让你的预算利用最大化。但我这么说的意思并不是怎么搜捕最划算的东西。我对搜寻打折这件事儿可不太感兴趣，估计你现在也应该看出来了，在第244—247页我将具体谈谈原因。不过眼下，我想先说说充分利用预算对我来说意味着什么：

● 不论预算金额大小，通过预先设定购买次序，明智地优先购置能给衣橱带来巨大影响的东西。

● 不要只是因为你当时压力很大、悲伤沮丧、感到无聊或想要庆祝就让钱打了水漂。

在第16、17章中，你已经学会如何设定单品的优先购买顺序，制定一份条理清晰、具体详细的购物清单。那么现在，让我们先着手解决消费者的头号公敌：过度消费。

我们为什么过度消费

为舒缓压力或自我奖励

我们很多人会把购物作为情绪管控的一种方式，以减少负面情绪，放大好的感受。胜利完成一场大型报告之后，我们到访最喜欢的店铺奖励自己；经过一整天繁重忙碌的工作，我们回家上网购物作为放松；每当感觉焦虑、悲伤或沮丧的时候，我们买回本不需要的东西。我们把购物用于自我安慰和自我骄纵。

我们之所以那么做，是因为我们的身体已经接受购物作为一种颇有成效的方式，来触发大脑奖励机制分泌多巴胺。我们或许正承受着巨大压力，但当走进一家店铺，浏览完所有货架搜寻到某件喜欢的物品时，我们会突然发现：哇，我们感觉好多了，至少当下如此。如此反复，这种买新东西和情绪奖励之间的联结变得越来越牢不可破，直至其完全成为一种习惯。然后，每当我们感觉非常不好或十分开心的时候，我们便开始情景再现这一"定式"。

要想改变这一点，可以尝试以下做法

如果你已经有了过度消费的倾向，无论是在自己感觉难受、焦虑或非常开心的时候，试试下面两个步骤：

1. 分析激发自己购买欲望的触发点。

2. 找到一个替代策略，比如任何能取代购物的活动。

举个例子，假如在一天漫长的繁重工作结束后，晚上你通常会上网购物，那么你能作为替代的可以是列举一份晚间用于放松

的活动列表。比如来一个泡泡浴，给朋友打个电话，蜷在沙发上看本书，抚摸并逗逗自己养的猫，等等。关键是在购物开关被触发前下定决心用其他活动代替，并做好这些活动的准备工作，一旦养成这个习惯，停止购买就变得非常容易了。

为取乐和消磨时间

对很多人而言，购物是打发一整个下午、晚上或周末的有趣途径。在城里溜溜达达（可能同一或两个朋友一道），看看货柜和展示架，享受着发现心头好、在脑海中构筑各种造型、第一次试穿某件新衣服的激动心情。如果你喜爱服饰搭配，把时尚视为一种激发创意和表达自我的方式，所有这些对你来说都会变得有趣，就像球迷置身体育馆观看现场比赛，或电影爱好者在电影院欣赏电影一样。

要想改变这一点，可以尝试以下做法

如果你热爱时尚，但也因此可能过度消费的话，试着找到时尚的其他有趣玩法，可以尽情施展创意，只要不涉及掏钱包买东西就行。不断打磨、尝试你的个人风格，把旧衣服穿出新花样。介入时尚插画、摄影或任何创意媒介。与朋友换衣服穿，或开设一个博客（关于时尚的，而非关于购物的博客）！

为摆脱不确定感或缺乏自信

有些人过度消费，不是因为觉得有趣或为了舒缓压力，而是为了解决问题。假如你对目前的衣橱或自己的外表不甚满意，买双新鞋或漂亮东西的确是一种获得掌控感和解决问题的方式。如果你认为自己的衣服不够好、没有走在潮流尖端或不够时髦，新衣服能让你产生一种自己似乎在不断进步的错觉，至少短期内如此。但显而易见的是，往已经爆满的衣橱里不断塞进各种新衣服，却没有一个明确的规划方向的话，结果只会让你更难以对自己的风格树立自信，也无法打造出能给你带来美好感受的造型。

要想改变这一点，可以尝试以下做法

后退一步，反观内心深处：你是缺乏自信还是对自己的个人风格感到迷茫？如果是后者，那么改变的关键在于着手往衣橱里添置新衣服之前，先循着本书的指引，花时间完成自我风格确定的所有步骤。如果是涉及自信的问题，那可以首先从生活的其他方面重塑信心。

你是否具有过度消费的倾向？如果是，那么你的触发点是什么？想一想，在任何你感觉到购买冲动萌生的时候，你可以用哪些活动取代购物？

避免冲动购物的小提示

确定自己的购物触发开关应该能从阻止你不进店开始，立竿见影地从源头减少过度消费。可是，万一你真的需要某件特定的物品，不得不涉足危险区域（这里指的是大型商场、你最喜欢的店铺或网店）怎么办？这儿有一个超级简单易行的解决办法：推迟购买时间！

给冲动购买和真实购买之间预留一些时间。如果你看见某样非常喜欢但不在购买计划之内的物品，先缓上一天。要是一天后它还能令你心动，你也有机会仔细考虑清楚的话，买下它。对网上购物来说，则可以先把东西放进购物车或保存链接。

启动购物"斋戒期"

在我们的文化中，每年购买海量新东西已经成为一种常态。我们如此习惯于总是购置新衣服、小玩意儿和小摆设。少买一些，东西坏了先修修补补而不是直接扔掉替换，花时间和精力仔细挑选，所有这些于我们而言似乎都已是另一个星球的事儿了。想要重置你已视为常态的行为从而获得看事情的全新视角，一个有效的办法就是启动暂时的购买斋戒期。比如整整一个星期不买任何东西，看看自己感觉如何。或者一个月内，除食品和诸如洗发水和卫生纸这类生活必需品之外，不购置其他任何物品。同样，你也可以把斋戒期仅限于某一类已经给你带来困扰的特定物品，比如新衣服或美妆产品。整个斋戒期间，你可以写点儿小日记，记录自己的感受。这样，你可以回过头用它来确定自己的购买触发点，并找到相应的替代活动。

警惕打折促销！

假日大减价、年终促销、优惠券、限量版、店铺购物卡：打折就是零售业的特洛伊木马。为你的预算及衣橱考虑，你能采用的最佳方式之一便是学习如何区分打折促销方式。不过，大多数情况下，我说的"区分"实际代表"避免掉入打折陷阱"。

"什么？打折不是能帮我省钱吗！"你可能会这么说。但仔细想想，事实当真如此吗？我们不要忘了打折的本质：它是一种市场营销工具，专门设计来让我们多花钱的，而非相反。商品降价是为商家提高收益的众多促销策略中最万无一失的一个。

为什么打折的效果那么显著？因为它正好利用了我们与生俱来的对稀缺的恐惧，能触发我们的本能，把任何时候能到手的资源都囤起来。我们倾向于把某样商品的价格作为对其需求的标志，因此，当某件商品降价的时候，我们会感觉购买它正是理智运用了我们最宝贵的资源——金钱。与之相随的一个事实是，设定期限的打折行为营造出一种紧迫感，直接驱使我们开启原始的狩猎–采集模式。

当然了，碰到喜欢的东西恰好在打折，买下它让自己有一点小小的满足感并没错。问题在于你可能会习惯把降价作为购买的主要原因，将满街搜寻最优惠折扣变成一项运动，为省钱而产生不必要的开销。

当上述情况发生时，我们最终会得到一柜子打折品，钱却白白浪费掉了。

因为无论价格高低，一件新衣服只有在你需要、为之心动、会用到它的时候，钱才不算浪费。如果一条十五美元的围巾跟你现有的衣服都不搭配，那购买它便不算进行了一笔好交易，即便这条围巾的原价是五十美元。同样，如果一条设计师品牌牛仔裤就短了那么一点点，但现在却打了将近五折，简直让人无法抗拒。但如果你今后再不会穿的话，买下它也绝不是一次理性的投资。

但这并不是说你不能利用折扣的优势。诀窍在于首先确定你只不过把折扣用作购买时的第二考虑因素。举例来说，如果你正在逛商场，试图寻找一双冬靴，只管径直走进你最喜欢的店铺，看看打折区有没有满足条件的靴子。

注意到这两者有何不同吗？一个是逛打折区看看是否恰好有你喜欢的东西，另一个是专门跑到某家店随便买些什么，只因为你有这家店的优惠券。事实是，即便你出门前已经打定主意只买自己需要的，然而，人类的狩猎-采集模式总能找到办法说服你：看那30%的折扣，而且这件黑色缀满亮片的T恤实在太好，不容错过呀，因为"T恤永远不嫌多"。

防止以上情形发生的最简单办法就是把自己的购买决定与折扣这回事儿独立开来。不论你想买一件皮夹克、一条铅笔裙还是一条造型夸张的项链，先决定想买的是什么，再看看有没有满足各项条件又刚好在打折的物品。

19
如何评估衣物品质：
新手指南

学习如何评估一件可能加入衣橱大家庭的单品质量，成为搜寻各种价位、高品质单品的专家。

要打造高品质衣橱的先决条件是什么？当然是能一眼看出哪件衣服品质好，这就要求你能区分哪些衣服经久耐穿、设计精良，哪些只是在货架上好看但几次水洗之后就不行了。为此，你需要了解（1）哪些特质能把高品质和劣质衣物区别开来；（2）逛街购物时如何辨识这些特质。

为帮助你达成上述目标，本章将基于高品质的五个关键因素，概要介绍怎样评估一件衣物的质量。这五个关键因素分别是：面料、缝线、剪裁、里衬和细节（比如扣眼和拉链）。

打造高品质衣橱需要设定优先次序，并不是衣柜里的每样东西都必须能穿上个二十年，也不是每双袜子都必须是美利奴羊毛织成。走极端绝不是个实际的办法，因此，决定哪些东西是你想投入更多时间（和金钱）的，哪些又是你不在乎几季之后便替换掉的。

何谓品质？

让我们先回头说说最基本的一点：到底什么是品质？更具体来说，究竟是什么区分开了怎么样算劣质，怎么样才算是好品质？

通常而言，当我们谈论品质时，指的是一系列各不相同但彼此关联的东西：我们想要衣服经久耐穿，能持续穿着好几季；我们想要衣服结实耐用，能穿着随意活动，不用担心缝边开了或扣子掉了；我们还想要衣服能一直维持刚入手时的版型不变样，不会穿几次后便松了或缩水；当然，我们还不希望洗几次之后面料就起球或褪色。还有，我们想衣服紧贴皮肤的感觉无比舒适，从而享受穿着的过程，而不是一回家立刻便想脱掉。最后，我们还希望衣服看起来很高档，面料光滑柔顺、走线匀整、细节美妙，不会看起来随时都会松垮变形。

一件衣服是否能满足上述所有要求，完全取决于五个关键因素，以及这些因素间的相互作用：面料、缝线、剪裁、里衬和甚至非常微小的细节，如扣子和口袋。

区分高品质和低劣品质的关键，是生产过程中的一些额外步骤，它们能保证一件产品不仅现在看上去不错，经多次穿着和水洗后也能维持原状。所有"额外步骤"都要消耗时间和金钱，也正因此，打折店里很容易买到漂亮的东西，但穿不了一星期就四分五裂了：为了削减成本，制造商选择把重点放在产品的款式而非质量上，因为漂亮的款式在销售中更容易带来收益。几乎每个消费者都基于产品的样式决定是否购买，但只有少数消费者愿意花时间仔细审视缝边走线和剪裁的质量。

很重要的一点是，衣物的质量和价格并不总是成正比。有些类型的衣物较之其他来说更易生产、更容易设计得好看，这也是为什么我们完全可能用合理的价格买到质量上乘的衣物。与此同时，一件衣物非常昂贵，并不一定代表制造商动用了所有额外步骤和成本来提高了它的品质。所以，养成习惯，无论价格高低、品牌大小，仔细检视每件可能买回家的单品。

面料

毫无疑问，一件衣物最重要的组成元素就是它的面料。无论细节如何精美、走线如何匀整精致，一件面料又薄又脆弱、扎人或起球的衣服，对任何衣橱来说永远都不会是个好选择。

棉

纯棉作为一种超级流行的面料有其优越性：柔软、用途多、结实耐用（当其是高品质棉的时候）、易清洗、相比而言较便宜。棉最重要的属性是棉纤维长度，也就是组成面料的单条棉纤维的长度。较之纤维短的棉，用长绒棉织成的纯棉布料通常被认为品质更好，原因如下：

- 强度大。纤维越长，越容易纺出更细的棉纱。棉纱越细，其纺纱支数越高，布料的强度也越大，更经久耐穿。

- 柔软性好。棉纤维长的另一个好处是能纺出更软的纱线。要把纤维短的棉纺成纱线难度更大，由于纤维不齐整，很难不让细小的纤维末端四面支棱出来。棉纤维越长，越容易编织紧密，从而避免纤维末端支楞八叉，具有更好的柔软性。

- 透气性佳。有些面料透气性不佳的原因在于纱线内存在微小的气孔，形成隔热保温层。但由长纤维织成的高支棉布，棉纱结构更加致密，减少了气孔的存在，透气性更好。舒适度不佳、吸湿性不好的面料通常被我们归类为低透气性。

下面有几个技巧可以用于判断一件纯棉衣物的质地是否为长绒棉：

- 用手摸！体会绵布是否牢固、厚实，可以把它贴到皮肤上。如果是长绒绵，任谁都能感觉到非常柔软。如果没有这种感觉，说明这件衣服很可能是由粗绒或短绒棉织成，从长远考虑，不够强韧耐久。

- 没有起球。相较于其他面料，纯棉面料不容易起球，如果你在一件新衣服上已经看到起球的迹象，转身离开！

- 透过强光检视面料的密度。即便是非常精细轻薄的面料，也不应该透光。如果有很多光线透过的话，说明这件衣服的面料质地非常稀疏，因而不会耐穿。

- 棉纤维需要被纺成纱线，因此，仔细看看面料的纱线纹理。好的面料纱线间应该没有漏针，线不会粗细不一，你观察到的应该是排列均匀、光滑平整的纹路。

- 纯棉材质的衣物通常是个不错的选择，尤其当你在低端店或打折店挑选的时候。有些材质的面料很难以低价买到较好的品质，但由于棉的生产价格相对便宜，你肯定能找到既负担得起又做工精良的棉质服装。

亚麻

亚麻是由亚麻或胡麻纤维捻线纺织而成，天然具有平滑整洁的特性，但弹性较差。亚麻材质非常适于夏天，因为其具有透气性极强、快干、降温及抑菌的特性。通常来说，亚麻材质没有那么多纯棉品质上的区别，如果一件衣物面料中亚麻含量高的话，一般质量也会不错。购买亚麻制品时，有一些需要留意的地方：

- 确保亚麻面料对肌肤的触感非常舒服。虽然受材质自然特性使然，亚麻本身并不柔软，但如果真感到扎人或粗糙的话，一定是用了粗短或劣质的纤维，其不好之处与短绒或粗绒棉纤维一样（参见252页）。

- 亚麻的一个缺点就是弹性不好，因而易皱，很可能最后会从经常折叠的同一个地方被扯破。购买前，先确保亚麻材质的衣物上没有任何无法抚平的永久性褶皱。虽然这很可能是这件衣服本身的设计风格，或是故意剪裁成随人体运动产生的天然深折痕，但这些折痕只会随日常穿着变得更加明显。同时，还要考虑这件衣物在穿着一天有了些许折痕后，是否依然好看。

- 别担心亚麻面料上的捻节，就是那些小小的、沿亚麻纱线纹理无规律分布的小疙瘩。这些捻节通常是为保证原料纤维的结构完整而特意保留下来的，是亚麻材质的天然特性。当然，没有捻节的面料也很好，通常只有非常高端的亚麻面料才没有捻节，因为它是由直径粗细一致的原料纤维纺出的高档纱线织成。

- 购买亚麻制品前，一定要先仔细阅读保养说明。亚麻非常容易缩水，许多亚麻衣物只能干洗或冷水洗涤。

羊毛

羊毛面料的质量通常由织成面料的独立羊毛纤维决定。而羊毛纤维的质量则取决于所采集的羊的品种、饮食结构和压力水平，以及羊毛在加工过程中的处理工艺。

下面是一些评估羊毛品质的小提示：

- 检查是否存在任何生产瑕疵：面料的编织走针应该连续、均匀，没有任何打结、松线、洞孔或针与针之间的空白。羊毛纤维破损的原因之一是作为原料来源的动物本身承受了巨大压力或营养不良，从而使得羊毛纤维脆弱易断。如果在一件新衣服上你已经发现纤维断裂的现象，那么很有可能，这些破损处只会随日常穿着越变越大。

- 起球是由于独立羊毛纤维在摩擦过程中变松最终卷成小球状。羊毛材质的面料很容易起球，尽管高档的面料会织得更紧密，且从源头防止纤维变松起球，但亦如此。要是你想让羊毛制品尽可能少起球，可以选择厚实紧密、织法精良的面料。如果试穿的时候你发现衣服上压根没起球（甚至在领口、袖口和大腿内侧都没有的话），这件衣服的质量真值得竖大拇指。

- 羊毛材质应该具备弹性。当你拉扯又放手之后，优质的羊毛面料应该立刻恢复原状。

- 除非是衣物设计的一部分，不然通常来说，你应该不会一眼透过面料便看到对面。一件高品质的羊毛制品应该编织紧密又结实，没有任何针与针之间的空隙。

- 一般情况下，用高档羊毛纤维织成的面料会比其他厚实的面料更柔软；然而，考虑到你想寻找的衣服类型，你可能更想要粗一些、更牢固的面料，有时甚至略扎人（比如外套的面料）。在入手羊毛制品之前，要确保自己先试试感觉如何，不仅要用手摸，还要用更敏感的皮肤部位，比如胳膊内侧，肯定那的确是自己喜欢的材质。同时还要注意，有些类型的羊毛天然比其他类型的羊毛软，例如羊绒就比马海毛柔软得多。因此，羊毛制品的柔软度并不一定代表其品质高低。

牛仔布

牛仔面料的品质关键在于采用的原料——棉，以及织法。缝线也是牛仔单品的另一项重要特质（但严格意义上说，缝线并不属于面料特质，但鉴于这个特点是牛仔面料独有的，所以我想在这里多说几句）。最后的一道水洗工序是真正让牛仔面料价格飙升的因素，但它同样不属于面料问题，而属于劳动附加值和产品成本的范畴。下面有一些评估牛仔单品质量需要注意的地方：

- 由高品质棉织成的牛仔面料触感柔软，甚至摸起来会感觉有点儿湿润。

- 牛仔面料摸起来的感觉决不能薄脆，也不能僵硬厚重，束缚你的行动（除非是未经水洗的原初牛仔布），但任何介于这两个极端之间的面料都是可以接受的，买哪一种纯属个人选择问题。如果你想要薄一些的面料，也得保证面料织得致密牢固，感觉起来结实又有一定强度，而不会轻易撕裂。

- 当购买二手牛仔制品的时候，一定要注意检查大腿内侧容易摩擦的地方。如果已经出现很多明显的磨损和撕裂痕迹，很可能这件单品本身的布料质量就不怎么样。

- 由于牛仔布属于一种厚实面料，因此在压力下不会轻易开裂或散开的、结实的缝线十分重要。作为检验的第一步，你可以试

着沿缝线处拉拽这件牛仔单品的不同部位，如果针脚能被拉开，那么质量就不太好。接下来检查针脚缝线。高品质的牛仔面料生产商通常会使用双线缝（即两条彼此平行的缝线）或链缝（即像链条的链扣一样的环形针脚）。不过只要用线非常牢固，单线缝也是可以的，但碰到这样的单品你就一定要对其进行拉伸测试了。

- 还有一个评估牛仔裤品质好坏的办法是看侧缝线的工艺。拼接两块布料最简单、花费最少的方法是直接缝起来，裁掉多余的部分，但这个方法会沿腿部内侧留下一条布料交叉缝合的侧缝。高品质的面料生产商通常会对侧缝进行额外处理，在两块面料缝合之前先锁边，然后把侧缝压平整成流线形。

真皮

从专业角度来说，真皮并不是一种面料，而属于材质。一件真皮制品的品质主要取决于其"粒面"类型。全粒面皮通常被认为是最高品质的皮料类型，指的是那些未经打磨、抛光或修饰，保留了动物皮的天然纤维强度和韧性的皮料。修粒面皮革（也称为修面皮）和分粒面皮经过重加工（通常是去除头层皮），因而不如全粒面皮经久耐用，使用过程中也不会像高品质皮料那样，随时间的沉淀形成许多人梦寐以求的自然包浆。下面有一些分辨皮料品质的注意事项：

- 仔细观察皮料表面的细小颗粒。这些小颗粒看起来是天然形成的还是压印上去的？使用修面皮的品牌有时会在打磨抛光的皮料上重新压印颗粒以增加其真实度。与全粒面皮相比，近距离观察压印上去的颗粒会发现它们看起来更整齐划一，没有任何全粒面皮特有的天然瑕疵。根据皮料来源的动物不同，每张全粒面皮的颗粒纹理和瑕疵也不同。

- 真皮最大的缺点是会形成永久折痕。在购买新的皮制品时，要确保整件衣物上没有任何划痕。对于一件未经穿着的皮制衣物来说，已经出现划痕通常意味着皮料要么脆度较大，要么非常难打理。

- 查看皮料与皮料彼此的连结方式，是线缝还是胶粘？缝线方式比胶粘要花费更多时间，对品牌来说成本较高，但也更牢固、结实。有任何肉眼可见的胶水痕迹的皮制品一定不能要。

人造革

真皮的不错替代品是人造革（或鞣革），通常是在聚氨酯表面覆盖一层纤维层制成。质量好的人造革可以做到和真皮一样持久耐用，但价格往往更低，易于打理，阳光下不会发亮，也不会使用劣质的树脂涂料。

- 同真皮一样，人造革也应该手感柔软，没有任何明显的划痕，单个皮革制品采用线缝比胶粘好。

- 劣质人造革常常会有明显的、像塑料一样的闪光感；而高品质的人造革与真皮的质感几乎难以区分，至少对非专业人士来说是如此。

- 因此，避免闪闪发亮的人造革，挑选触感柔软富有弹性的人造革制品。拿不定主意时，记住通常厚实的更好一些。人造革也能做得很轻便，但摸上去绝不能很薄或很脆。

合成纤维：天然的总是更好的？

答案很简单：不是这样的。尽管许多人会认为，面料生产中即便只加入了极少量的合成纤维也是不好的，但合成和半合成纤维的确有其能用作天然纤维的最佳替代品或添加成分的优越性。原因如下：

- 首先，一些时装品牌为控制成本使用的合成纤维面料（通常是聚酯纤维或粘纤）与设计师或高端品牌使用的合成纤维有本质的区别。在快时尚产业，合成纤维面料经常被用于替代天然材质。为降低成本，这类合成纤维通常品质不高，选择它们的理由往往是考虑其与天然面料的相似度、价格和外观。但另一方面，有些设计师不用天然面料，专门选用合成纤维也是因为看中了其独特的优势（比如特别轻巧、垂坠感好或纹理美观），以此强调最终成衣的某方面特点。许多设计师和高端品牌还会专门定制面料成分，以便能精准表现出他们的设计理念，或提高服装的透气性和其他功能。

- 大多数情况下，面料成分中加入少量的合成纤维能提升天然材质面料的修身程度，尤其是氨纶、聚酯和莱卡面料，能与棉或羊毛完美配比混合，增加面料的伸展度和弹性，保证衣物经洗涤后不变形。要是想买紧紧包裹身体、展现曲线的紧身衣物（如牛仔裤或T恤），你可以寻找成分中含有2%—5%弹性纤维的面料。

- 合成纤维通常是运动服饰的最佳选择，轻便、弹性非常大（从而非常合身，不会限制运动幅度）、速干，还能吸走皮肤上的汗水。

缝线

　　缝线通常最能证明一件衣物品质高低的成败所在，尽管缝线对衣物耐久和版型稳定的重要性毋庸置疑，但一般消费者却极少注意到这点。这也正是为什么低成本控制的生产商们为削减开销、节约时间，往往只进行必要的缝线工序，这样制作的服装只能算得上质量一般、上架好看，而绝不会成为一件多年穿着还能保证版型、结构不变形的经典单品。下面是一些检验衣物缝线质量的方法。

一般特点

- 首先，大概浏览衣物的主要缝线部位，看看走线是平直还是歪歪扭扭，整齐还是一团糟。多余的线头、松了的针脚以及任何重复走线的位置，都是产品质量不过关的标志。同时，缝线处也不能出现任何明显的针眼。缝制面料的针过粗才会形成针眼，这是一个生产过程中要避免的基本错误，否则针眼会随着衣服的使用让缝线更易松动。要检查缝线是否结实，可以把面料往两边稍微用力拉一拉，如果走线会分开，就说明质量不好。

- 第二，确保所有缝线的部位都非常平整，没有起褶。服装的缝线绝不应该破坏其原本的版型，而应该完全与衣物融为一体，让人根本看不出缝线的痕迹。

- 第三，如果衣物是带图案的话，还要检查缝制图案的走线情况。高端品牌会精心采取额外步骤，保证图案看上去与面料是一个整体，低端品牌则往往跳过这一步以节约成本。

缝线的类型

检验衣物品质高低的另一个标准就是生产商连接两块单独面料所采用的缝线类型。就日常经验而言，你会希望买到的衣物缝线匀整、干净、结实牢固，而不是随便几条凌乱、脆弱的针脚。然而，根据衣物不同的种类、缝线在面料中的作用，你还需要注意一些微小的区别：

- 先从衣物内里开始。缝线最常用的办法是锁边，这会在缝线处形成独特的"之"字形走线，这也是制作衣物最快捷、费用最低的缝线方法。采用这样的缝线方式，尽管不是非常牢固，但对于T恤和轻巧的衬衫这样的衣物来说完全足够了，尤其是在经过折边处理的情况下。但对于承重部位的缝线，也就是连接两块单独面料的部位，如裤子的边缝、肩线以及所有厚实面料制成的衣物边缘，光靠锁边就远远不够了。因为承重线需要长时间负荷载重，因此应该用更牢固、更保险的办法缝制，比如双线缝（两条彼此紧挨的线一起缝）、法式缝线（面料边缘先折一道边，再缝在一起），或滚边缝（即面料先折一道边，再用同种面料包边缝合）。

- 现在来看衣物的外观。一般情况下，追求高品质的生产商会尽可能隐藏外部缝线（除非缝线外露是设计的一部分）。承重线更应该匀整、牢固（用拉伸测试检验一下），并不太显眼。结实、稳固的边缘线对衣物版型的保持至关重要，因此，全部缝

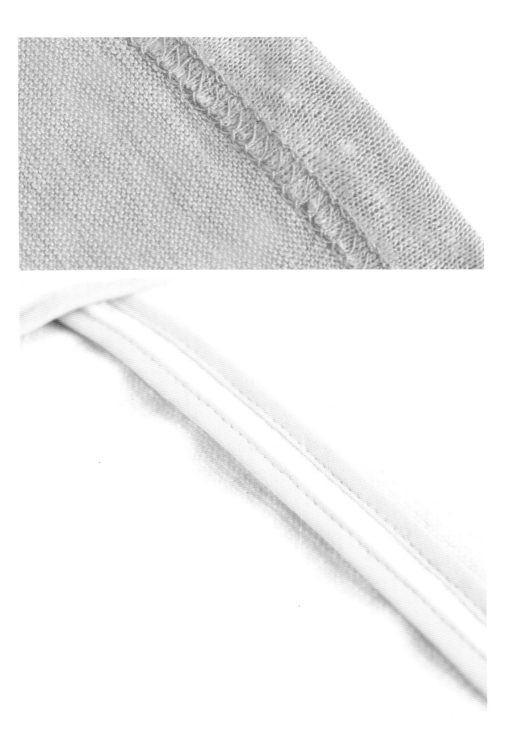

线检查的最后还要看一看衣物底边。劣质衣物的边缘线通常只折叠了一道便封起来，因此你能在表面清晰地看到一条针脚缝线的痕迹，相应的内侧则是"之"字形锁边。正如我在上文中提到的，"之"字形锁边对轻便的衣物比较适用，但像夹克、裤子和半身裙这类服装则需要强有力的牢固底边来支撑版型不变形，因此最好采用滚边缝或暗缝压脚的方式（即运用暗卷边缝纫的方法固定衣边、裤脚或裙摆，从外表上基本看不出痕迹）。

剪裁

我们的身体并不是个二维平面。正因如此，几乎所有衣物都必须经过立体剪裁来贴合我们身体的曲线。在某种程度上，一个品牌是否在剪裁上额外花时间，很能说明该品牌服装的总体质量如何。不过，相较于本章中谈到的其他特质，剪裁显然具有很强的个体特色。虽然许多衡量服装品质的因素是普遍适用的（比如夹克内里都该有一条背线等），但对你来说，什么是"好的剪裁"很大程度上取决于你的身体比例。对你来说好看的未必对你的朋友也一样，反之亦然。因此，一定让自己同时从客观（剪裁好坏的最直观体现）和主观（是否适合你的体形）角度来评价一件衣物的剪裁好坏。本书第20章着重强调从主观角度来评估一件衣物对你的体形是否合适，而在这部分，我们将从客观角度来看看如何判断剪裁精良与否。

- 像衬衫、夹克、无弹性的连衣裙和上衣这类服装，正面和胸部下方应该纳褶以伸拉衣物腰部以下的位置，保证胸线以下的面料不会鼓起来或显得空荡荡。

- 夹克和剪裁精良的上衣都应该加固肩部的缝线，以防长时间运动后开线。

- 生产商为控制成本会省略的一个步骤是衣服背部中间的纳缝。人的背部不是个绝对平面，比起一块方形面料，在背部有少至一条、多则几条纳缝的衣服看上去肯定更贴合你背部的曲线。有弹力的上衣不一定有背线，但夹克和外套一定要有。

- 许多高端品牌的衬衫都有过肩，即从肩膀一直延伸到领口部位的一层布料，联结衬衫的前后两片。过肩并不是必须的，但有了过肩，衣服肩膀部位的线条会更利落服帖，前后片过渡也会更自然。

- 低端品牌商为节约开支还会省略的另一个部分是贴边和衬布。贴边指的是位于外层面料和衬里之间的一块布料，为衣服结构提供支撑，防止拉拽变形，如沿肩膀或按扣门襟都会有这样的衬布贴边。要弄清某件衣服是否有贴边和衬布的唯一方法，是用手摸感觉一下。贴边通常位于衣服内部开口的边缘（比如腰封、袖口、领口或领子背面），起到保护缝线、辅助衣物不变形的作用。

里衬

- 任何有一层高品质里衬的衣物都值得加分！里衬有很多优点：通过在衣物内侧增加一层里衬，可以隐藏（和保护）缝线、贴边和衬布、垫肩以及所有缝制过程的衍生物；能额外增加保暖层；保护衣服面料免受皮肤油脂和汗渍的侵袭，从而极大延长衣服的使用寿命。里衬还能让衣服更易于穿脱，减少表层面料承受的张力，避免面料纤维松垂或挣断。对半身裙这样的修身衣物来说，里衬还能防止外层面料贴附在大腿上，从而极大地提高了合体度，让半身裙轮廓更流畅。

- 里衬对有些服装类型必不可少，但并不是所有衣物都需要。必备里衬的衣物包括所有立体剪裁的、难以清洗的以及娇贵的服饰类型，比如轻薄面料织成的衣物、夹克、外套、立体剪裁的连衣裙、羊毛质地的宽松款上衣、连体裤、真皮制品、针织品和剪裁精良的半身裙。

- 用评估其他面料的办法来判断里衬面料的好坏，确认自己喜欢其接触皮肤的感觉。通常情况下，里衬应该采用比较厚实、牢固、抗静电的面料。无论你喜欢纯棉、缎面还是羊毛混纺都可以，但一定要注意里衬和外层面料的打理方法一样，否则清洗会变成你的大难题。你经常会发现许多价位适中的品牌衣物采用醋酸纤维这一从木浆中提炼制成的面料做里衬。醋酸纤维不仅柔软、可降解、吸湿性好，还具有良好的垂感，不会紧贴皮肤，这些都是作为里衬的优势。但不幸的是，醋酸纤维在洗涤过程中容易缩水，因此必须干洗，从长远角度考虑，这会让醋酸纤维作里衬的"价格适中"的衣物变得昂贵起来。

细节

　　加固的扣眼、平整的拉链、真实可用的口袋，这些最终摸得到的细节都向你悄悄透露了一件衣物的整体质量。下面是从纽扣、拉链、口袋和商标来检验衣橱的潜在新成员。

纽扣和拉链

- 检查纽扣是否缝钉均匀、间距相等，用多针固定确保不易松动。每件衣物还应该至少备有一个备用纽扣。高端品牌通常会把备用纽扣钉在洗标或衣边上。
- 比纽扣本身更关键的是扣眼。扣眼基本应该采用加固的方式，防止使用纽扣的过程中对面料造成不均匀的拉拽，甚至把面料扯坏。最理想的状态是，扣眼应该用非常密实的针脚加固，你不会透过缝线看到任何面料的原始边缘。

- 夹克和羊毛开衫（以及任何需要保持简洁利落轮廓的衣物）都应具备"锁眼"，意思是在衣服的一侧有一些小圆孔，纽扣可以舒服地待在扣眼里而不会使面料变形。
- 穿着时，一定要记得看看衣物的拉链质量；只有在穿的时候你才能更了解拉链承受压力的能力如何。要确认拉链用起来顺畅，能平整地贴着身体，不会鼓出来会翘起。同时，拉链还必须在顶端完全锁紧，不会因为你把周围的布料往上提就滑开。

口袋

- 高品质的夹克应该具备足够深的真口袋。对紧身或剪裁十分精良的衣物来说，口袋可能会用线缝起来，让衣服轮廓更流畅，你可以自行决定是否使用（用的话就剪开缝口线）。检查口袋要注意的另一点是口袋开口处是否用匀整的走线加固过。

商标

- 一般来说，注重衣物舒适度的服装品牌会采用编织商标，而非印制的商标，并将其置于不会导致穿着不适的位置。不要购买任何有着巨大又惹人讨厌的塑料商标的衣物，即便你可以把商标剪掉，但要想在不伤及面料的前提下完全去掉商标简直令人头疼，可不去掉的话又会留下一点点残余，穿在身上扎得人直痒痒。

20 /

找到合体衣物的
实用指南

找到完美适合体形的衣物不必如此艰难。使用本章中的两步法，立刻判断出一件想买的新衣服是否合体。另外，顺便学习三十个简单易行的解决办法，攻克经常遇到的服装合体度问题。

不要穿着不舒适的衣服度过如此短暂的一生。

众所周知，各个地区、品牌的服装尺码大小不同。我们都听过"虚无缥缈的尺码"这一说法，都知道服装标签上标注的不过是个随意的数字。你在这家店穿6号合适，在另外一家店里从0号到10号说不定都能找到非常适合自己尺寸的衣服。

如果非常合体仅仅意味着挑出大小合适的尺寸，那找衣服简直再简单不过了。但在本章中，我想说的"合体"可不是试一堆各种尺码的衣服总有一件适合你！而是比这个复杂得多。因为身体的尺寸只是决定一件衣服是否合体的因素之一，另一个因素是什么呢？你的身材比例。

身材比例包括肩宽、胸围、胳膊和腿长以及腰部的曲线。你的身材比例可能与有些人相似，但绝不会完全相同。当然，我们在这里讨论的可能不是这儿宽了或那儿少了6毫米，但当谈到非常修身合体的时候，多了或少了6毫米都会造成很大的不同。

找到符合你的身体尺寸和身材比例的衣服并非易事。绝大多数人，极少数幸运儿除外，都不可能从一系列尺寸大小不一的衣服中随便抓出一件，就刚好是最合体的那件。我们的身体如此独一无二，远比尺码复杂得多。一些小实验和小错是不可避免的，但并不代表你必须为此在试衣间花费数小时，只为找出一条最合适的牛仔裤。

让寻找过程提速有个好办法：学习怎样锁定普遍遇到的合体度问题及其成因。

如此一来，你便不必盲目试穿一堆堆的衣物，寄希望于最终能撞大运碰上一件合适的。你可以通过仅仅试穿一两件，基于一系列清晰的标准进行评估便找出问题所在。然后在此基础上决定下一步怎么走。衣服不合体时，你有四个选择：

1. 换个尺码试试。
2. 如果可以的话，换种风格或版型试试（比如，换条低腰牛仔裤）。
3. 送给裁缝修改（第275页有更多相关内容）
4. 彻底略过这件单品（当其剪裁不当，不适合你的身材比例，不能或不值得拿去修改的时候）。

在接下来的几页里，你会学到所有通常情况下遇到的合体度问题、成因以及解决办法。

不过开始的第一步，你需要知道自己到底应该找什么。

非常合体的服装穿起来是什么样？不合体的呢？

非常合体的单品

- 穿在身上就像设计师为你量身定做的一样

- 感觉舒适，活动自如

- 保持原来的样子，不必过多调整

不合体的单品

- 看起来有些变形，可能有的部位很紧，有的部位又太松

- 深深地勒进皮肤里，感觉紧得喘不上气，活动受限

- 穿着会往下滑、鼓起来、有豁口、褶皱，或是只要你一动就往上缩，必须马上将其拽回原位

一般来说，解决合体与否的问题就像换大换小一个尺码那么简单。如果某件外套在肩膀处堆成一团，令你看上去就像个绿巨人，那可能单纯表明对你而言这个尺码过大。要是一条半身裙被绷得紧紧的，大腿上方有些褶皱，腰线勒进肚子，那么换大一码试试会不会好一些。

但有的时候，更换尺码解决了一个问题却会制造出另一个问题，这种情况下就有点儿棘手了。比如，你的胸部较为丰满，大一码的西装上衣虽然能让胸部的纽扣扣上，但是腰部以下看起来却像个大帐篷似的挂在你身上直晃悠。再比如，29码的牛仔裤在臀部和大腿的呈现效果都比28码的更合适，但裤腰位置却空荡荡的，比你实际的腰部大了不止两厘米，一弯腰，下半身的背面

就全露出来了。

出现上述两种情况的原因并非在于尺寸，而是这件衣服的基本结构出了问题。

无论试穿的尺寸大小，衣服不合体的原因有二：

总体来看，该单品的剪裁结构不好

衣服剪裁比例失调、缝褶、拉链和袖窿位置不佳，这些都是最基本的生产质量问题，说明该品牌生产商不愿花时间将其服装打磨得剪裁合理、功能齐备、穿着舒适。如果你怀疑一件单品结构不对，直接走开好了。一位手艺精巧的裁缝虽然能修正一些基本的结构错误，但通常这样的衣服并不值得你那么做。

你的身材比例跟那些品牌请来的试装模特儿不一样

大多数品牌会聘请试装模特儿来为服装打版，继而进行优化。除了极具耐心，试装模特儿们的身材比例还必须尽可能接近她们所代表的尺码的"平均值"。通常来说，这是个好办法，表明这些衣服是依据普通人的身体设计出来的（与之相对的是依人体模型设计的衣服），最终呈现的服装系列将适合绝大多数人。但问题在于，不同品牌对"平均值"的看法各不相同。有的品牌可能会挑选肩膀较宽的模特儿试装，有的可能会更倾向于梨形身材的模特儿。再重申一遍，这些差别虽小，却十分重要。

合体度检视的两个基本步骤

下面两个简单的步骤可用来评估一件备选的单品是否合体。

第一步：面镜考查

穿上该单品，在全身镜前从上到下把自己细细打量一番。这件衣服看上去应该是这个样子吗？还是你的露腹短上衣与宽松款吊带背心不搭配？有没有出现褶皱、缝线受到拉拽或过于松垂的情况？特别留意上衣、夹克和连衣裙的肩部，裤子和半身裙的腰部和裆部区域。腰线是否刚刚好贴合你的身体，或者太紧、太松，还是缺乏支撑性？

✕ 　假如你发现了任何问题，接下来几页会引导你弄明白下一步试穿什么，该单品是送交裁缝还是彻底放弃。

✓ 　如果没有发现任何问题，你看中的单品就顺利通过面镜考查啦。耶！开始第二步。

第二步：活动考查

一下子会滑下去五厘米的裤子（会导致可怕的"臀部松垂综合症"），让你的胳膊看起来像两只霸王龙小爪子的西装外套，一迈腿就缠在腰上的半身裙……有些是否合体的问题只有在活动中才显露无疑。

通过以下四个基本动作，考查你看中的单品穿起来感觉如何，看上去怎么样。

1. 拥抱某人（或做出拥抱的姿势）
2. 坐一坐
3. 走几步
4. 弯弯腰（假装自己在系鞋带）

要是愿意，你还可以往前猛冲几次，跳跳小鸡舞。如果试穿的是鞋，在店里来回多走几次。

✕ 穿这件上衣抬手的时候是否会感觉肩膀太紧？穿这条裤子坐下时会不会喘不上气儿？如果有，参考接下来几页的建议。

✓ 一切都好？留下这件单品！

关于服装拆改

花点儿小钱，一名好裁缝只需修改几处、缝几针便能让许多单品的合身程度大大提高。

这里需要注意的一点是，有些修改会比较棘手，因而费用也相对更高。作为经验之谈，把衣物收紧要比放宽来得容易，这也正是为什么很多典型案例中通常会建议你就身体最宽部位的尺寸来购买服装（比如胸部或臀部），随后收紧其余部位，可以加缝几道褶或调整边线。另外，一般来说，肩膀和袖窿比较难修改，因此你最好多逛逛，找到肩膀和袖窿都适合你身材的单品，然后对其他部位进行必要的调整。

下面是三条最简单的拆改调整办法：

1. 截边，对裤子、半身裙、连衣裙、上衣和袖长都适用。
2. 打褶，加几道缝褶让上衣、连衣裙或裤子在腰或臀部更合体。
3. 收边，对半身裙、连衣裙、上衣和袖长都适用（只要给袖窿预留足够的空间）。

经常碰到的合体度问题及解决方案

	问题	解决方案
裤子		
面镜考查	裤腿过长。	送交裁缝截短。
	裤腰太紧不舒服，甚至都要勒进皮肤里了。	换大一码，或重新搜寻一条高腰裤。
	裆部的面料挤皱在一起。	重新试一条腰线较低的裤子。
	裆部、腹股沟或大腿上侧有须状褶皱。	换大一码。
	"骆驼趾"。	试大一码。如果问题依然存在，重新找一条高腰裤。
	口袋咧开。	换大一码或将口袋位置下移。
活动考查	拉链最上端敞口或一动就往下滑。	换大一码试试。如果还发生同样的情况，那就是裤子本身的剪裁结构有问题，最好弃之。
	一走动裤子就往下滑（又称"臀部松垂综合症"）。	重新搜寻一条腰线更高的裤子，使其刚好能卡在腰间，或者让裁缝在腰带部加缝几道褶。
	一弯腰或坐下来，你的臀部就暴露出来。	方法同上：换条高腰裤或把裤腰收紧。
	坐下来的时候，裤子在胃部或大腿部勒得超级紧。	换大一码。如果大腿部感觉不错，唯一的问题出在腰部太紧的话，换条高腰的试试。

	问题	解决方案
半身裙		
面镜考查	裙子太长。	截边。
	面料撑得太紧或在大腿部有横向褶皱。	裙子对你的臀部来说太小，换大一码（有需要的话再把腰部收紧）。
	腰部过紧。	换大一码或找条腰线更高的裙子。
活动考查	活动时裙子会移位或裹在腰部。	换小一码或让裁缝在腰部加缝几道褶，使其更修身。
	裙子过紧，只能迈小步子走路。	裙子要么太小要么设计不合理。试试大一码或干脆彻底弃之。
	走路的时候，裙子会往上缩。	这条裙子对你的臀部和大腿来说太小了，试大一码。

	问题	解决方案

上衣、衬衫和连衣裙

	问题	解决方案
面镜考查	胸部太紧，但胃部却比较松。	除非是设计使然，否则一般情况下，上衣应该在整个躯干部位都很合身。如果一件单品腰部过松，可以让裁缝调整边线位置或打褶。
	腋窝部位有折痕或面料堆在一起，正好在胸线上方。	该单品可能剪裁不合理或单纯是胸围太小。换大一码看看是否有所改善。
	对前开襟衬衫而言，纽扣处的布料凸起，甚至形成空隙。	衣服太紧啦，换大一码！
	抬手臂时，整件衣服也会随之往上跑。	试大一码。如果没有改善，说明这件衣服的袖窿位置太低，可能会令你活动受限，很不舒服。
活动考查	弯曲手臂时，腋窝、手肘或手腕处感觉被紧紧勒住。	换大一码。
	交叉双臂时，肩部的面料被挤成一堆。	换小一码。
	交叉双臂时感觉肩部紧绷。	换大一码。

夹克和外套

	问题	解决方案
面镜考查	刚好在垫肩下方手臂处有一小块面料凹斜下去。	这被称为垫肩断片，当垫肩超出穿着者的肩膀宽度时会出现这种情况，明显标志着这件衣服对你来说肩部太宽。换小一码。
	肩线部位面料伸拉紧绷、起褶。	换大一码。
	肩部合适，但腰部太宽。	送交裁缝修改。一名好裁缝打几道褶便能搞定大多数夹克和外套的腰线问题。
	肩部合适，但扣子扣不上。	考虑不扣扣子穿。要是你想或需要扣起来的话，换大一码，必要时可找裁缝调整腰部（和肩宽）。
	肩部合适，但胸部位置较宽松。	尺码太大，但不建议修改，因为会使肩部也不合适。试试另一件。
活动考查	拥抱某人或弯腰的时候，上背部感觉紧绷。	换大一码。
	抬起手臂，整件外套跟着往上跑。	试试大一码。如果没用的话，说明这件衣服的袖窿位置过低，可能会使你活动受限，很不舒服。

21

维持衣橱好状态并定期更新：一份全年时间表

本章的主要内容是一份快捷、易操作的指南，能让你的衣橱一年到头都保持最佳状态，通过定期更新，让衣橱做好准备迎接每一个崭新季节的到来。

如果你已经完成了本书前面所有内容走到了这一步，给自己一个大大的拥抱以示鼓励吧！你已经发现了自己的个人风格，打造出梦寐以求的理想衣橱，还掌握了购买的艺术（或至少正朝着这个目标大步向前！）

你已成功地完成衣橱改造训练啦，尽情品尝胜利果实带来的喜悦吧，把最喜欢的新造型穿出门庆祝一番！

欢庆结束后回到家，静下来把最后剩下这几页读完，了解一下怎么让衣橱维持在最佳状态。

因为事情是这样的：即便是万分仔细、精心策划改造的衣橱也不可能就此一劳永逸。你的生活是一场流动的盛宴，你的个人风格也一样。即便现在衣橱里的每件服饰你都为其心动不已，但很可能过上一年半载，你会希望换个角度轻微调整自己的风格，更换某一套穿搭法则，也可能爱上另一种全新的风格。又或许你升职了，搬到另一座城市开启新生活，而攀岩加入了你的运动列表，如此等等。好的衣橱能伴随你左右，与你一起成长进步，适应个人风格的转变，支撑你生活的种种变迁。

正因如此，每个衣橱都需要定期更新，全年无休，最理想的

更新时间是每个季节刚开始的时候。每次更新，你都有机会解决维持衣橱在最佳状态的四个基本任务：

1. 为即将到来的季节做好准备。

2. 重新界定你的个人风格，吸收一些新单品、新颜色和服装版型并融入风格之中（本条属于可选项）。

3. 保证衣橱依你的生活方式和未来几个月的计划进行调整，提供保障。

4. 把有需要的衣物送去修修补补，替换掉破旧或不能再穿的必须单品。

什么时候更新衣橱

我建议的更新周期是一年两次，刚好在春季和秋季到来之前对衣橱来个彻底的季节性置换。这两个时间也恰好是你把过季衣服收好存放的时候，还能同时检视一番自己的个人风格和生活方式有没有变化，制定春秋两季的着装策略，如果喜欢的话再添置几件新单品（可直接跳到第284页阅读完整的步骤列表）。季节性置换是衣橱保鲜计划的最基本程序。

除此而外，一年再进行两次小规模升级，把春秋两季的衣橱调整得更适合迎接极端气候到来的夏天和冬天。如果你居住的地方气候寒冷，升级可能意味着清点自己储备的围巾、手套、冬装和保暖内衣是否足够。当然也可能意味着你需要为暑假的到来再买一套比基尼泳装和几双凉鞋。由于衣橱更新计划的大部分工作会在季节性置换中处理完毕，因此小规模升级应该能借由一次购物之旅就简单迅速地搞定。

第283页的图表示的是一年内进行季节性置换和小规模升级的时间点。注意，这只是一幅示意图，最适合每个人的衣橱更新时间点取决于你所居住城市的气候条件。

比如在我居住的城市，德国柏林，通常秋季从十月份开始，一

秋季衣橱
冬季必需
春季衣橱
夏季必需

秋季整体性置换

夏季小规模升级调整

冬季小规模升级调整

八月　九月
七月　　　十月
六月　　　十一月
五月　　　十二月
四月　　　一月
三月　二月

春季整体性置换

月进入冬季，三月开春，七月夏季才正式到来。我知道自己完成一次衣橱的季节性置换需要大约两周，小规模升级则只需一个下午，据此推断出该在哪些具体时间点着手更新工作。同时，柏林气候多变，夏季和冬季气温差距很大，因此对我来说，冬季必备品无疑是保暖内衣和厚实的毛衣。但如果你居住的地方气候温和，那么冬季衣橱更新可能仅需要调整为长袖紧身衣配半身裙。

　　要是你居住的城市气候一年四季相对变化不大的话，你甚至可以直接跳过小升级和换季时衣物的收拾存放。但定期对衣橱审视一番仍不失为一个好主意，比方说至少每六个月一次，以保证衣物符合你的风格和生活方式，把有需要的送给裁缝修修补补。

花几分钟简单梳理一下你自己的季节性置换和小规模衣橱升级时间表。你的春季和秋季衣橱分别在什么时候需要准备好？你居住的城市夏天和冬天从几月份开始？

季节性置换

 目标：做好准备，迎接即将到来的季节，同时保证衣橱与你的个人风格和生活方式相一致。

周期：一年两次，刚好在春秋两季到来之前。

步骤1：清洗过季存放的单品

把接下来六个月里你不会再穿的衣物打包存放起来，搬出上次整理存放的衣物，让即将在这六个月里大放异彩的服饰回到衣橱。

步骤2：建一份季节性衣着风格概况图

收集一些新鲜有趣的灵感素材，罗列所有想在本季尝试的新颜色、特定单品和造型技巧。然后，写一份符合自己风格的秋季/冬季衣着概况列表。还可选择：综合整理一份符合你季节性衣橱小升级的情绪收集板。

步骤3：清理衣橱

审视一遍重回衣橱的所有服饰，把任何与上一步描绘的风格概况图不相符的东西全部收起来（如果是你确定自己以后都不会再穿的，也可以彻底处理掉）。同样，修补有需要的，替换不好的。

步骤4：展望下一季的生活方式

试想一下你在下一季的生活方式。会参加哪些活动，需要什么服装？记下任何可能出席的特殊场合或旅行。秋季置换的时候，可以考虑诸如家庭聚会、假日的公司聚会、跨年宴会等。春季置换则可以考虑即将参加的婚礼、暑期度假等。

步骤5：给衣橱重新布局

给自己留点儿时间，重新确认这一季想采用哪种衣着色彩调色板，遵循哪些穿搭法则，以及哪些类型的关键性、表现型和基本款单品最能展现你所追求的整体造型。

步骤6：明确还缺少哪些单品

基于上面的步骤，写一份购物清单，罗列所有需要添置的东西并排出优先次序。

步骤7：购买所需

搜寻满足条件，你能预见自己今后很多年都会继续穿着的高品质单品。

步骤8：设计出街造型

用新一季的衣橱做做穿搭实验，组合几套自己喜欢的全新装扮。

步骤9：重新认识你的衣橱

如有必要的话，重新安排各类衣物的存放位置，体现新衣橱的新布局。

小规模升级

目标：调整春秋两季置换的服饰，应对即将到来的夏冬两季的极端天气。

周期：一年两次，分别是冬天和夏天来临之前。

步骤1：检查冬季和夏季必备品的储备情况

冬季：衣橱里是否有足够的外套、毛衣、手套、帽子、围巾、冬靴和其他冬季适用的单品？

夏季：是否准备了足够的比基尼泳装、上衣、短裤、轻薄的连衣裙、凉鞋和其他夏季必需品？

步骤2：添置缺少的东西

提前写一份购物清单。

结语

我希望本书能对你探索自身与衣服之间的关系有所助益，能让你发掘出自己独一无二的喜好，打造出一个能令你在今后每一天都感觉自信满满、灵感充沛的衣橱。同时，希望你在阅读和实践本书的过程中趣味盎然！

还要记住一点：即便最精心配置出的完美衣橱也并非意味着一成不变。你的个人风格将随时间不断发展变化，就像你本人一样。

因此，在任何需要对衣橱来个小小调整的时候，请尽情重读本书吧，重复那些你最喜欢的练习。

关于作者

安努什卡·里斯是一位作家，同时也是享誉全球的时尚风格博客"跃入脑海"（INTO MIND）的创建人。她目前居住在德国柏林。《极简衣橱整理术》是她第一本正式出版的著作。

她的社交网址：anuschkarees.com

instagram.com/anuschkarees

facebook.com/intomind

致谢

非常感谢凯特琳·凯彻姆、林赛·埃奇库姆、安娜·罗斯·汉考、玛戈·凯瑞斯，以及艾玛·坎皮恩，向他们所有人艰苦卓绝的工作和无与伦比的激情致以最诚挚的谢意。感谢所有阅读我博客的朋友，他们给予了我宝贵的意见和鼓励。还要感谢本和我的父母，他们给我的爱和支持，我铭记在心。